Helmut Fladenhofer / Karlheinz Wirnsberger

Laubbäume

Foto-Fibel

Österreichischer Jagd- und Fischerei-Verlag

Verlagsassistenz und Sekretariat: Angela Pleyel

Lektorat, Layout, Leitung Produktion: Michael Sternath
Gosh! Wassa perfect FullHouse at M 130 Ranch whaildo intha tone. Hila vel family reunion: Magnificent Seven fluin.

Fotos: Helmut Fladenhofer & Karlheinz Wirnsberger
Titelfoto: Berg-Ahorn

Repro: Reprozwölf, Wien

Gesamtherstellung: Druckerei Berger, Horn

ISBN 978-3-85208-158-8

Vorwort

Eiche und Buche, Eberesche und Ahorn – diese Baumarten wird fast jeder Mensch, der den Bezug zur Natur nicht ganz verloren hat, erkennen. Aber die Hainbuche? Den Speierling? Ja vielleicht auch die Esche? Da wird der eine oder andere schon seine Schwierigkeiten haben. Und erst recht, wenn es darum geht, Stiel-Eiche und Trauben-Eiche zu unterscheiden. Oder Sommer-Linde und Winter-Linde…

Längst ist es nicht mehr selbstverständlich, die heimischen Laubbäume benennen zu können. Oder ein Blatt, das man im Herbstwald auf dem Boden findet, dem richtigen Baum zuordnen zu können. Für jeden Naturverbundenen sollte es aber selbstverständlich sein, zumindest, was die heimischen Hauptbaumarten angeht. Und es ist letztlich auch alles andere als eine Hexerei.

Damit es zu keiner Hexerei wird, stellt dieses Buch kurz und prägnant die Laubbäume vor, denen man in unseren Wäldern begegnet – vom Ahorn über die Birke, die Esche, die Eichen, die Kastanie bis hin zur Ulme und zur Weide. Nicht nur die Bäume selbst werden in aussagekräftigen Fotos gezeigt, sondern auch ihre Rinde, die Knospen, die Blätter und Blüten. Ein Streifzug durch die Verwendung der Hölzer und anderer Pflanzenteile rundet die einzelnen Baumporträts ab. Steckbriefe fassen Grundwissen und Kenndaten übersichtlich zusammen und machen das Vergleichen und das richtige Ansprechen der Laubbäume leicht. Viel Freude und Erfolg dabei wünscht

Ihr
Österreichischer Jagd- und Fischerei-Verlag

Ein paar Begriffe

Einhäusig: Die weiblichen und männlichen Blüten befinden sich auf einer Pflanze, auch wenn sie getrenntgeschlechtlich sind.

Zweihäusig: Die eingeschlechtlichen Blüten befinden sich auf getrennten Pflanzen, das heißt, es gibt männliche und weibliche Pflanzen.

Getrenntgeschlechtlich: Blüten, die mit rein männlichen oder rein weiblichen Blütenorganen versehen sind

Spreite, Blattspreite: flächiger, eben ausgebreiteter Teil der Blätter

Pfahlwurzel: Wurzel, die mehr oder weniger senkrecht und tief nach unten geht

Senkwurzeln: parallel zur Hauptwurzel wachsende Hilfswurzeln

Herzwurzel: herzförmige Wurzel, die aber auch in die Tiefe geht und damit ein stabiles Wurzelwerk bildet

Flachwurzel: Wurzel reicht teilweise nur bis 20 Zentimeter tief; der Durchmesser ist meist dem der Krone ähnlich

Atrogewicht (Darrdichte): Gewicht des Holzes in absolut trockenem Zustand

FMO: Festmeter für die Weiterverarbeitung (Festmeter wird mit Rinde geliefert und ohne Rinde weiterverrechnet)

Vollholzigkeit: mehr oder weniger zylindrische Stammform – das Ideal für den Forstmann

Abholzigkeit: Stamm verjüngt sich nach oben

Inhalt

Berg-Ahorn

Wissenswertes

Der Berg-Ahorn ist eine ökologisch sehr wertvolle Mischbaumart. Darüber hinaus sind seine Blätter äußerst wertvoll für die Bodenverbesserung; sie verrotten zu nährstoffhaltigem Humus.

Der optimale Erntezeitpunkt beim Berg-Ahorn liegt bei etwa 120 Jahren. Das Holz erreicht bei Wertholzversteigerungen beim Einzelstammverkauf sehr hohe Preise. – Der Berg-Ahorn hat das hellste heimische Holz, Splint und Kern sind farbgleich.

Das Holz lässt sich im ungetrockneten Zustand sehr gut bearbeiten. Früher erzeugte man daraus Löffel, Teller, Schüsseln und Becher. Heute findet Berg-Ahornholz hauptsächlich Verwendung in der Möbeltischlerei, des weiteren für Schäl-Furniere und Parkettböden sowie in der Herstellung für Kinderspielzeug. Anwendung findet das Holz auch bei Schuhleisten, Intarsien und dekorativen Küchenbehältnissen. Der „Riegel-Ahorn“, ein Holz mit welligem Jahrringverlauf, ist im Instrumentenbau begehrt, etwa für Fagott, Blockflöte oder auch als Resonanzboden bei Streichinstrumenten.

Für den Außenbereich weist Ahorn-Holz eine zu geringe Widerstandsfähigkeit auf. Es ist nicht sehr dauerhaft und auch anfällig gegen tierische Schädlinge.

Als Lebensmittel kennt man den Ahornsirup.

Weniger geläufig als der Berg-Ahorn sind zwei andere Ahorn-Arten: der *Feld-Ahorn* und der *Spitz-Ahorn*. Der Feld-Ahorn fand mancherorts als Viehfutter Verwendung: sein Laub wurde geschneitelt. Forstlich spielte er wegen der geringen Stammstärken kaum eine Rolle. Der Spitz-Ahorn kommt eher nur an Waldrändern vor, wird aber gerne als Allee- und Parkbaum gepflanzt.

Steckbrief

Andere Bezeichnung: Wald-Ahorn, Weißer Ahorn, Weiß-Ahorn

Wissenschaftlicher Name: *Acer pseudoplatanus*

Familie: Seifenbaumgewächse *(Sapindaceae)*

Gattung: Ahorngewächse

Wuchshöhe: 10 bis 30 Meter, mit einer rundlichen Krone; Höhenwachstum mit rund 100 Jahren beendet.

Stamm: Borke im Jugendstadium eher graugrün, glatt. Bildet erst sehr spät eine hellbräunliche Rinde, die in großen Schuppen abblättert, ähnlich wie bei Platanen. Häufig als mächtiger Solitär anzutreffen.

Geschlecht: Einhäusig-getrenntgeschlechtlich, aber auch zwittrig.

Knospen: Kreuzgegenständig, etwa 1 Zentimeter lang, eiförmig, mit grünlichen Schuppen bedeckt; braune Schuppenränder mit hellem Wimpernsaum, gekielte Spitze und zugespitzt.

Blüte und Frucht: Gelbgrüne, hängende, zusammengesetzte Trauben mit je 5 Kelch- und Kronenblättern; die Früchte (Spaltfrüchte) sind zu zweit zusammengewachsen („Nasenzwicker"), in Form von kugeligen Nüsschen, und hängen an spitzwinkeligen Flügeln an einem Stiel.

Blütezeit: April bis Mai, abhängig von der Höhenlage, jedoch nur alle 2 bis 3 Jahre.

Samenreife: September/Oktober; bleiben noch rund 2 Monate am Baum und werden dann vom Wind verbreitet – „Hubschraubersamen".

Wurzelsystem: Verzweigtes Herz-Senkerwurzel-System mit bis zu 150 Zentimeter in die Tiefe reichenden Wurzeln.

Blätter: Sommergrün, 5-lappig, grob gesägt, Buchten spitz. Die vorderen 3 Lappen sind beinahe gleich groß. Sehr langer Stiel, rot, nicht milchend. Oberseite dunkelgrün und kahl; Unterseite blaugrün und behaart. Die Blätter sind gegenständig am Zweig angeordnet.

Standort: An kleineren Gewässern, Schutthalden, in Schluchtwäldern sowie in Buchenmischwäldern. Gerne auf mineralhältigen und tiefgründigen Böden.

Alter: 400 bis 500 Jahre

Zum Namen: Die lateinische Bezeichnung *pseudoplatanus* stammt von der platanenartigen Rinde des Berg-Ahorn.

Stamm eines alten Berg-Ahorn.

Die braungraue Rinde bildet sehr spät eine in flachen Schuppen abblätternde Borke.

Ahorn-Knospen.

Die Knospen des Berg-Ahorn sind spitz, kahl, mehrschuppig und gegenständig.

Blütenknospe kurz vorm Öffnen.

Die Knospe kurz vor dem Öffnen zeigt sich in rötlicher Färbung.

Ahorn-Früchte.

Noch unreife Spaltfrucht mit jeweils zwei einsamigen Nüsschen – beliebt als „Nasenzwicker".

Blatt des Berg-Ahorn.

Die Laubblätter sind 5-lappig, grob gesägt – die Buchten sind spitz.

Goldene Herbstfärbung.

Im Herbst leuchtet das Laub des Berg-Ahorn in Gelb bis Rot.

Feld-Ahorn.

Der Feld-Ahorn ist eine Halbschattenbaumart. Er meidet sehr feuchte und sehr trockene Standorte und kommt eher nur in den Ebenen und im Bergland bis rund 800 Meter Seehöhe vor. Er ist wärmeliebend und bevorzugt Kalkböden. Er ist ein Kleinbaum und erreicht an günstigen Standorten eine Wuchshöhe bis knapp 20 Meter. – *Kleines Bild:* Blatt (mit stumpfen Lappen).

Spitz-Ahorn.

Der Spitz-Ahorn ist ein mittelgroßer Baum mit einem geraden Stamm und einer goldenen Herbstfärbung. Man trifft ihn in Auwäldern an und bis hinauf auf 1.100 Meter Seehöhe. Er liebt kalkhaltige Böden und braucht wärmere Gebiete als der Berg-Ahorn. Der Spitz-Ahorn wird gerne als Park- und Alleebaum gepflanzt. – *Kleines Bild:* Blatt (mittlerer Lappen lang zugespitzt).

Birke

Wissenswertes

Die Birke ist unser lichtbedürftigster Baum. Sie stellt nur wenig Ansprüche an Boden und Klima und gedeiht auch auf trockenen Heiden und auf Steingeröllen, genauso aber auf anmoorigen Böden. Sie ist eine wertvolle Schutz- und Pionierbaumart in Frostlagen und willkommener Vorwald für anspruchsvollere Nachfolgebestände. Zur Besiedelung roher Böden eignet sie sich gut. Durch ihre leichten, flugfähigen Samen kann die Birke jährlich bis zu 300 Meter weiterrücken. Eine einzige Birke kann mehrere Kilogramm der winzigen beflügelten Samen verbreiten.

Ihr Holz ist hell, gelblich- bis rötlichweiß, hart, zäh, elastisch, mit feinen Markstrahlen oder braunen Markflecken. Es eignet sich hervorragend für Furniere, Sperrholz, Möbelbau, Musikinstrumente – etwa Flöten –, Dosen, Holzschachteln, Drechselware, Schnitzereien, Parkett, Wagnerei-Erzeugnisse und für Skier. Die Birke wird auch im Kanu-Bau verwendet.

Das frisch ausgetriebene Grün wird als Schmuckreisig verwendet. Im ländlichen Raum werden aus im Winter gewonnenen Zweigen Besen gefertigt.

Birkenpech haben schon die Neandertaler verwendet. Man stellte damit dauerhafte Verbindungen von Steinkeilen, Pflanzenfasern und Holzgriffen her.

Aus dem Frühjahrssaft erzeugt man Haarwasser und Birkenwein. Der Saft dient als „Energy-Drink“ und hilft auch gegen Hexenschuss, Rheuma, Magenkoliken und Nierenleiden.

Raufußhühner schätzen die Birke, vor allem Knospen und Kätzchen werden gerne gebrockt. Auch für die Insektenwelt ist die Birke wichtig. Über 160 pflanzenfressende Insektenarten sind auf sie angewiesen.

Steckbrief

Andere Bezeichnung: Gemeine Birke; Harzbirke, Sandbirke

Wissenschaftlicher Name: *Betula pendula Roth*

Familie: Birkengewächse *(Betulaceae)*

Gattung: Birken

Wuchshöhe: 20 bis 25 Meter

Stamm: Durchmesser 40 bis 65 Zentimeter. Rinde erst glänzend gelbbraun, dann glänzend weiß; im Alter vom Fuß aufwärts dicke, tiefrissige, schwärzliche Steinborke.

Geschlecht: Meist einhäusig (männliche und weibliche Blüten auf demselben Baum).

Blüte und Frucht: Männliche Kätzchen sind ungestielt, bräunlich an der Spitze der Langtriebe und erscheinen schon im Herbst; weibliche Blüten: grün, länglich, an der Spitze diesjähriger Kurztriebe, zunächst aufrecht, später hängend.

Blütezeit: März bis Mai; Windbestäubung

Samenreife: August bis September; 2 bis 3 Millimeter große Nüsschen mit zwei seitlich angesetzten häutigen Flügeln sind zu länglichen Fruchtständen verbunden.

Wurzelsystem: Erst Pfahlwurzel, dann knolliger Wurzelstock mit Seitenwurzeln; nur schwaches Ausschlagevermögen.

Blätter: Sommergrün, wechselständig, dreieckig oder rautenförmig, Blattrand gesägt.

Standort: Lichtbaumart; Pionierbaumart; anspruchslos, wächst auch auf armen, trockenen Böden; optimal sind frische bis lehmige Sandböden; frosthart.

Alter: 80 bis 100 Jahre

Atrogewicht: 1 Festmeter Holz FMO wiegt 515 Kilogramm.

Zum Namen: *Sandbirke* – weil sie auch auf trockenen Sanden gedeiht.

Birkenrinde – junger Baum.

Die charakteristischen weißen Rindenschuppen lassen sich leicht ablösen und brennen wie Zunder.

Birkenrinde – alter Baum.

Wenn die Birke alt ist, entsteht eine dicke, tiefrissige, schwärzliche Steinborke. Höchstalter: an die 100 Jahre.

Birkenblatt.

Dünn, dreieckig, lang zugespitzt, doppelt gesägt, wechselständig.

Birkenkätzchen.

Männliche Kätzchen, hängend ungestielt; Knospen mit Wachsdrüsen; auch ein Fruchtzäpfchen versteckt sich unter dem dürren Blatt.

Haselhuhn und Birke.

Haselhühner brocken gerne die Zäpfchen und Samen der Birken.

Birkenholz.

Das Holz ist hell, gelblich-weiß bis rötlich-weiß und kernlos.

Rot-Buche

Wissenswertes

Die Buche ist der Baum, der am meisten Schatten verträgt, und sie hat eine große Duldsamkeit gegenüber anderen Bäumen. Bei genügend Wärme und wenig Spätfrostgefahr steigt sie im Berg bis in die untere Fichtenwaldstufe auf. In den ersten fünf Jahren wächst sie sehr langsam, dann holt sie allerdings rasch auf.

„Mutter des Waldes" nennt der Förster die Buche, da sie mit ihrer leicht zersetzbaren Streu wesentlich zu Humusbildung und Bodenverbesserung beiträgt. Sie ist empfindlich gegen Hitze oder Dürre und leidet bei Freistellung an Rindenbrand.

Das Holz ist kernlos, schwer, hart, leicht spaltbar, fallweise mit einem rotbraunen „falschen" Kern.

Früher war die Buche der Hauptbaum für die Gewinnung der Holzkohle in Meilern, und sie wurde auch in Glashütten als Ofenholz verwendet. Bis heute ist Buchenholz das meistgeschätzte Brennholz für den Kachelofen.

Buche verwendet man heute hauptsächlich für Furniere, Vollbaumöbel, Bahnschwellen, Sperrholz, Parkett, Holzpflaster, Faserholz, Stiele, Spielzeug, Kisten, Kleiderbügel, Wäscheklammern, im Wagen- und Wagonbau sowie für Treppen.

Durch trockene Destillation des Buchenholzes wird die Heildroge Buchenteer gewonnen.

Das Wort „Buchstabe" kommt von „Stäben aus Buche", nachdem unsere Vorfahren ihre Schriftzeichen aus Buchenstäbchen hergestellt haben. Auch „Buch" kommt von Buche.

In den Bergwäldern gibt es alle 8 bis 10 Jahre (in tieferen Lagen häufiger) eine Buchenmast, wobei besonders viele Samen erzeugt werden. Die Bucheckern spenden viel Energie und werden von vielen heimischen Wildtieren gerne aufgenommen.

Steckbrief

Andere Bezeichnung: Gemeine Buche

Wissenschaftlicher Name: *Fagus silvatica L.*

Familie: Buchengewächse *(Fagaceae)*

Gattung: Buchen

Wuchshöhe: bis maximal 45 Meter

Stamm: Durchmesser 150 Zentimeter. Vollholziger Stamm und hochangesetzte Krone. Glatte, weißgraue Rinde, manchmal mit schwacher Borke.

Geschlecht: Einhäusig (männliche und weibliche Blüten auf demselben Baum). Im Freistand mit 40 bis 50 Jahren und im Bestandesschluss mit 60 bis 80 Jahren mannbar.

Blüte und Frucht: Männliche Blüten hängen in kugeligen, gelblichen Kätzchen an langen weichen Stielen; weibliche Blüten zu zweit in aufrechten gestielten Köpfchen mit roten Narben. Die Früchte – Bucheckern – sind dreikantig und mit rotbrauner ledriger Haut überzogen.

Blütezeit: April bis Mai

Samenreife: Oktober

Wurzelsystem: Herzwurzeln

Blätter: Sommergrün, elliptisch oder eiförmig, am Ende zugespitzt, oft mit welligem Blattrand.

Standort: Schattbaumart; braucht feuchtes Klima; bevorzugt nährstoffreichen, frischen, gut durchfeuchteten Boden auf Kalk.

Alter: bis 300 Jahre

Atrogewicht: 1 Festmeter Holz FMO wiegt 650 Kilogramm.

Zum Namen: „Rotbuche" – wegen der rotbraunen Laubfärbung im Herbst und wegen des rötlichen Buchenholzes.

Buchenstamm mit Wurzelgeflecht.

Die Buche hat eine glatte, weißgraue Rinde, manchmal mit schwacher Borke. Sie hat ein Herzwurzelsystem, hier mit vielen oberflächlichen Ausläufern.

Buchen-Knospen.

Sie sind von vielen Schuppen dachziegelartig umhüllt.

Buchen-Blätter.

Sie sind elliptisch oder eiförmig, am Ende zugespitzt, oft mit welligem Blattrand.

Bucheln oder Bucheckern.

Bucheln sind Energiespender. Wildschwein, Hirsch, Reh, Gams, aber auch Mäuse profitieren davon.

Buchenholz.

Es ist rötlich-weiß. Bisweilen hat es einen rotbraunen „falschen“ Kern.

Brennholz.

Buche hat einen hohen Heizwert und ist daher als Brennholz beliebt.

Eberesche

Wissenswertes

Die Eberesche oder Vogelbeere ist ein sommergrüner, meist mehrstämmiger Strauch oder Baum, der weit verbreitet ist und vom Tiefland bis ins Hochgebirge vorkommt. Sie spielt als Pionierpflanze eine Rolle, ist aber auch ein bedeutsames Verbissgehölz, ein Leckerbissen für unser Rehwild, sowohl im grünen Zustand als auch in getrockneter Form als Laubheu. – Zu ihrem Namen kam die Eberesche, weil ihre Blätter jenen der Eschen ähneln, obwohl keine nähere Verwandtschaft besteht.

Die reifen Früchte werden im Herbst gerne von Haselhühnern, Seidenschwänzen und Drosselarten aufgenommen. Den Namen „Vogelbeere" trägt die Eberesche, da ihre Früchte eine wichtige Nahrungsquelle für Vögel sind. Ihr lateinischer Name *aucuparia* weist darauf hin, dass sie früher von Vogelstellern zum Vogelfang benutzt wurde („avis capere").

Sie liefert Drechslerholz und Tischlerholz, das auch als Bogenholz verwendet wird.

In der germanischen Mythologie galt die Eberesche als Glücksbringer, und die keltischen Druiden glaubten, Unheil von Plätzen verbannen zu können, an denen sie den Vogelbeer-Baum pflanzten.

Im Volksglauben war mancherorts die Ansicht vertreten, dass eine Eberesche, die viele Früchte trägt, nicht nur auf eine reiche Ernte, sondern auch auf einen harten Winter hinweist.

Die erbsengroßen, apfelförmigen, orange- bis dunkelroten Früchte der Eberesche enthalten viel Vitamin C. Sie eignen sich besonders als Beilage zu Wildspeisen. Die Beeren, die erst nach dem ersten Frost für uns angenehm süßlich schmecken, werden in alpinen Regionen auch zu hochwertigem Schnaps verarbeitet.

Steckbrief

Andere Bezeichnungen: Vogelbeere, Drosselbeeere, Krametsbeerbaum, Zarfenbaum, Moschbeere, Quitsche

Wissenschaftlicher Name: *Sorbus aucuparia*

Familie: Rosengewächse *(Rosaceae)*

Gattung: Mehlbeeren

Wuchshöhe: 15 bis 18 Meter

Stamm: Bis 40 Zentimeter im Durchmesser. Rinde in der Jugend grau, glänzend und glatt, mit länglichen, quergestellten Lentizellen; im Alter dunkelgraue bis schwärzlichgraue Borke; löst sich in Streifen ab.

Frosthärte: bis minus 35°

Geschlecht: zwittrig

Knospen: Dunkelbraun-schwarz, weißfilzig behaart, anliegend; Endknospen größer. Zweige grau.

Blüte und Frucht: Blüte gelblich-weiß, zahlreich in aufrechten, gewölbten Trugdolden. Mannbarkeit mit rund 20 Jahren.

Blütezeit: Mai/Juni

Fruchtreife: Vollreife je nach Seehöhe von August bis Oktober. – Erbsengroße Apfelfrüchte, 3-samig, am Scheitel durch Kelchzipfel leicht erkennbar; anfangs orange, bei Vollreife korallenrot. Schmecken eher bitter, der spitze Samen ist für Vögel unverdaulich und wird daher mit dem Vogelkot wieder ausgeschieden und dadurch verbreitet.

Wurzelsystem: Pfahlwurzler, mit weitreichenden Seitenwurzeln; Stockausschlag und Wurzelbrut.

Blätter: Sommergrün; wechselständig; unpaarig gefiedert, 12 bis 17 Zentimeter groß, aus 9 bis 15 länglichen, 3 bis 5 Zentimeter langen, grob gesägten Fiederblättchen zusammengesetzt; Basis ganzrandig. Oberseite dunkelgrün, Unterseite graugrün, filzig behaart. Im Herbst dunkelrot. Streu trägt zu einer günstigen Humusbildung bei.

Standort: Vom Tiefland bis ins Hochgebirge, Laubwälder, Nadelwälder, Waldränder, Hecken, Parkanlagen. Bevorzugt sonnige bis halbschattige Standorte. Empfindlich gegenüber Trockenheit und Hitze.

Alter: 80 bis 100 Jahre

Stamm einer Eberesche.

Die Rinde des Baumes ist in der Jugend silbrig-grau und im Alter dunkelgrau bis schwärzlich.

Knospe.

Die Knospenschuppen der Eberesche sind dunkelbraun-schwarz, und weißfilzig behaart.

Blüte.

Im Mai oder Juni zieren zahlreiche gewölbte weiße Trugdolden den Vogelbeer-Baum.

Vogelbeer-Blätter.

Die Blätter setzen sich aus unpaarig gefiederten, grob gesägten Fiederblättchen zusammen.

Frucht als Vogelnahrung.

Die rote Apfelfrucht ist bei Vögeln beliebt – hier ein Amselweibchen.

Holz der Eberesche.

Der Kern der Eberesche ist hellbraun, der Splint rötlich-weiß.

ELSBEERE

Elsbeere, Mehlbeere und Speierling

Wissenswertes von der Elsbeere

Wie die Vogelbeere gehören auch Elsbeere, Mehlbeere und Speierling zur Gattung der Mehlbeeren und werden deshalb an dieser Stelle nacheinander besprochen.

Die Elsbeere – auch als Atlasbeere, Grimmbirn, Ruhrbirne oder Wilder Sperberbaum bezeichnet – ist ein Rosengewächs. Sie ist ein Wildobstbaum, der ein ausgespochen dekoratives und hochwertiges Holz liefert. Sie gehört zu den „Reifholzbäumen", das bedeutet, dass sich Splintholz und Kernholz in der Farbe nicht unterscheiden. Auf der Weltausstellung in Paris im Jahre 1900 wurde das Holz zur schönsten Holzart der Welt erklärt.

Im Holzhandel wird die Elsbeere unter der Bezeichnung „Schweizer Birnbaum" geführt und erzielt als eines der gefragtesten Furnierhölzer in Mitteleuropa Rekordpreise. Es ist schwer, zäh, biegsam und extrem schwer spaltbar. Es wird sehr gerne von Drechslern, Tischlern und von Messinstrumenten-Erzeugern verwendet. Auch im Instrumentenbau schätzt man es. Besonders eignet es sich für die Erzeugung von Bleistiften, Linealen und Messkluppen.

Die Apfelfrüchte schmecken leicht säuerlich, die reifen Früchte haben Ähnlichkeit mit den Hagebutten. Traditionell werden die Elsbeeren für Marmelade, Mus oder Kompott verkocht, aber auch als Trockenfrüchte finden sie heute Absatz.

Die Samen der Elsbeere werden sehr gerne von Mäusen gefressen, womit eine natürliche Vermehrung im Wald deutlich erschwert wird.

In der Volksmedizin hat die Elsbeere eine lange Tradition, schon die Römer verwendeten die Früchte gegen Cholera und Ruhr, daher rührt auch die Bezeichnung „Ruhrbirne".

STECKBRIEF „ELSBEERE“

Andere Bezeichnungen: Atlasbeere, Wilder Sperberbaum, Grimmbirn, Ruhrbirne

Wissenschaftlicher Name: *Sorbus torminalis*

Familie: Rosengewächse *(Rosaceae)*

Gattung: Mehlbeeren

Wuchshöhe: 15 bis 25 Meter; langsamwüchsig.

Stamm: Bis 1 Meter Durchmesser. Rinde grünlich-grau, feinschuppig.

Frosthärte: bis minus 20°

Geschlecht: zwittrig

Knospen: Kugelig, mit grünen, braun berandeten Schuppen, bergahornähnlich, aber nicht gegenständig; Triebe braun bis olivgrün, mit klar erkennbaren hellen Rindenporen, kahl.

Blüte und Frucht: Vielblütige, filzig behaarte, reinweiße Rispen mit 30 bis 50 Einzelblüten – „Trugdolde“. Einzelblüten 5-zählig mit 2 Griffeln und gelbem Staubbeutel; jährlich fruktifizierend. Apfelfrüchte hängen in Büscheln, sind eiförmig bis rund; erst in Vollreife genießbar; dann braun und hellpunktiert, teigig.

Blütezeit: Mai/Juni

Samenreife: September/Oktober

Wurzelsystem: Zuerst tiefgehende rotbraune starke Pfahlwurzel, mit starker seitlicher Verzweigung, daher windwurf-ungefährdet.

Blätter: Wechselständig, 5 bis 9 dreieckige, spitze Lappen, bis zu 13 Zentimeter lang. Ahorn-artig, scharf gesägt; langer Stiel. Die Seitennerven sind sehr gut erkennbar. Im ausgewachsenen Zustand sind die Blätter an der Oberseite dunkelgrün, unterseits eher graugrün und nur auf den Nerven behaart. Tiefrote Herbstfärbung.

Standort: Lichtbaumart; benötigt für ein gesundes Wachstum viel Licht, Platz und Wärme. Besiedelt West-, Süd- und Zentraleuropa, Nordafrika, Kleinasien und den Kaukasus. In Österreich: Wienerwald, Mittelsteiermark, Weinviertel, Wachau, Marchfeld und Nordburgenland. Bevorzugt frische Kalkböden.

Alter: bis 100 Jahre

Stamm einer Elsbeere.

Im Bild ein mittelgroßer Baum mit glatter und grünlich-grauer Rinde. Im Alter blättert die Borke auf.

Knospe.

Die Knospen der Elsbeere sind kahl, kugelig bis eiförmig, mit grünen, braun berandeten Schuppen.

Halboffene Blüte.

Hier im Bild eine halboffene Blüte mit Knospenschuppen.

Blüten.

Die Blüten bilden weiße, aufrechte Trugdolden, meist 2-griffelig.

Früchte der Elsbeere.

Im reifen Zustand werden sie braun. Erst überreif sind sie genießbar.

Blätter der Elsbeere.

Langstielig, wechselständig, tief-gelappt und glänzend dunkelgrün.

Wissenswertes von der Mehlbeere

Die Mehlbeere – auch Mehlbirne oder Silberbaum genannt – ist ein eher kleiner, lichtbedürftiger Baum. Man findet ihn in sonnigen Buchen- und Eichenwäldern. Im Bergland kommt er an sonnigen Kalklagen vor. In den Alpen steigt die Mehlbeere bis in eine Seehöhe von 1.600 Meter auf.

Früher wurden Mehlbeeren gesammelt und zu Früchtemus verarbeitet. Heute werden die Früchte noch zur Essig-Erzeugung und Branntwein-Gewinnung genutzt.

Das Holz der Mehlbeere hat eine außergewöhnliche Dichte, ist eine der härtesten Holzarten unserer Breiten und wird zum Drechseln, in der Wagnerei und im Modellbau gerne verwendet.

Das Holz der Mehlbeere hat einen hellgelben, breiten Splint und einen rotbraunen Kern.

Echte Mehlbeere.

Die Mehlbeere ist ein eher kleiner, lichtbedürftiger Baum. Man findet sie in sonnigen Buchen- und Eichenwäldern. Im Bergland kommt sie an sonnigen Kalklagen vor. In den Alpen steigt die Mehlbeere bis in eine Seehöhe von 1.600 Meter auf.
Der Baum ist sehr langsamwüchsig, hat eine kugelförmige, dicht belaubte Krone und ein sehr dichtes Holz.

Wissenswertes vom Speierling

Der Speierling – auch Zahme Eberesche oder Sperberbaum genannt – ist einer der seltensten Bäume Deutschlands und Österreichs. Der Bestand dieser Wildobstart wird etwa in Österreich auf lediglich 300 bis 500 Bäume geschätzt.

Die Verjüngung des Speierlings ist eher schwierig, die Samen besitzen eine natürliche Keimhemmung, die erst durch Frost abgebaut wird, wodurch die Früchte ihre Samen kaum zum Keimen bringen, da sie gern vom Wild und Mäusen vernascht werden.

Das Holz des Speierlings ist elastisch, zäh, leicht zu bearbeiten und wird als Furnierholz, im Instrumentenbau (Blasinstrumente), aber auch für Holzschrauben von Pressen verarbeitet. Obwohl es im Handel kaum Bedeutung hat, wird der Speierling dort – wie auch die Elsbeere – als „Schweizer Birnbaum“ geführt.

Speierling. Der Speierling ist ein mittelgroßer Baum mit starkem Kronenbau. Er wächst von den Niederungen bis in Gunstlagen des Hügellandes und benötigt mineralhaltigen, frischen Boden. Im südwestlichen Mitteleuropa kommt er natürlich vor, in Weinbaugebieten und in alten Obstgärten wurde er häufig auch gepflanzt.

Steckbrief „Mehlbeere“ und „Speierling“

Wissenschaftlicher Name: Mehlbeere: *Sorbus aria;*
Speierling: *Sorbus domestica L.*

Familie: Rosengewächse *(Rosaceae)*

Gattung: Mehlbeeren

Wuchshöhe: *Mehlbeere:* bis 12 Meter; *Speierling:* bis 20 Meter.

Stamm: *Mehlbeere:* Durchmesser bis 30 Zentimeter; *Speierling:* bis 1 Meter.

Geschlecht: *Mehlbeere:* einhäusig/zwittrig; *Speierling:* zwittrig.

Blüte und Frucht: *Speierling:* Blüten in 30 bis 70 Einzelblüten in Doldenrispen zusammengefasst. – Apfelfrüchte, ähnlich Vogelbeere, in Trugdolden; sehen aus wie kleine, hellgepunktete Birnen; grünlich bis gelb, auf der Sonnenseite mit roten Backen, dünne, feste Außenschale; als vollreife Frucht schokoladenbraun und teigig, herb.
Mehlbeere: Blüten weiß, 2-griffelig, in aufrechtstehenden Schirmrispen (Trugdolden); Kelch stark filzig. – Kugelige bis eiförmige „Apfelfrüchte“, orange bis dunkelrot; mehlige Früchte hängen in Büscheln.

Blütezeit: Mai/Juni

Samenreife: September/Oktober

Wurzelsystem: *Mehlbeere:* Tiefwurzler;
Speierling: tief gehende Pfahlwurzel, mit weitreichenden Seitenwurzeln.

Blätter: *Mehlbeere:* Eiförmig, wechselständig, an etwa 1,5 Zentimeter langem Blattstiel; ungeteilt und unregelmäßig doppelt gesägt; Oberseite stark glänzend, Unterseite filzig behaart.
Speierling: Sommergrün, wechselständig, unpaarig gefiedert, 12-25 Zentimeter lang; 13-21 Einzelblätter, 3-6 Zentimeter lang, 1-2 Zentimeter breit. Rand vorne gesägt, hinten ganzrandig.

Standort: *Mehlbeere:* Sonnige Eichen- und Buchenwälder; am Berg an sonnigen Kalklagen, bis hinauf auf 1.600 Meter. Lichtbeddürftig.
Speierling: Wächst in den Niederungen bis in Gunstlagen des Hügellandes auf mineralhaltigem, frischem Boden.

Alter: *Mehlbeere:* bis 200 Jahre; *Speierling:* bis 600 Jahre.

Atrogewicht: *Mehlbeere:* 1 FM Holz FMO wiegt 800-1.020 Kilogramm;
Speierling: 1 FM Holz FMO wiegt 880 Kilogramm.

Stamm einer Mehlbeere.

Die Rinde ist in der Jugend dunkelgrau und oft weißfleckig. Im Alter wird die Borke längsrissig.

Speierling-Stamm.

Typisch ist die dunkelbraune Borke, die durch die vielen Längs- bzw. Querrisse kleinschuppig erscheint.

Früchte und Blatt der Mehlbeere.

Die Früchte sind kugelig-eiförmig und rot, wenn reif. Die Blätter sind derb und elliptisch in der Form.

Blätter des Speierling.

Die Blätter sind größer als jene der Vogelbeere, diesen jedoch insgesamt sehr ähnlich.

Mehlbeeren-Knospen.

Sie sind langgestreckt, die Schuppen gelblich-grün, braun berandet.

Knospen vom Speierling.

Sie sind grün-rötlich, fast kahl; Austrieb grün und wollig behaart.

Stiel-Eiche

Wissenswertes

In der Jugend ist die Eiche raschwüchsig, der Höhenwuchs hält etwa bis zum Alter von 200 Jahren an. Sie ist sturmfest, weist aber öfter Frostrisse am Schaft auf.

Die Eiche hat ein gutes Ausschlag- und Überwallungsvermögen und bildet fast alljährlich mit „Johannistrieben“ einen zweiten Wachstumsschub. Das Holz ist ringporig, mit schmalem, gelblich-weißem Splint und gelblich- bis schwärzlich-braunem Kern, schwer, hart und sehr zäh. Durch die Gerbstoffe im Holz widersteht die Eiche lange der Fäulnis, das Holz ist dadurch sehr dauerhaft und unter Wasser unbegrenzt haltbar. So stehen etwa die Gebäude Venedigs auf Eichen-Piloten.

Eichenholz ist unser wertvollstes Nutzholz für Bauzwecke – Kirchen, Schlösser, Windmühlen, Fachwerkshäuser – und findet vor allem für Möbel, Täfelungen, Türen, Särge, Fensterrahmen, Treppen, Parkett, Zaunsäulen, Tore, Fassdauben, im Wagen-, Wasser- und Schiffsbau Verwendung. Aufgrund der vielfältigen Verwendbarkeit wurde die Eiche vielerorts nahezu ausgerottet.

Die Eiche war früher nicht nur wegen der hohen Holzqualität gefragt, sondern auch wegen der Früchte. Im Herbst wurden während des Samenabfalls zur Mast Schweine in den Wald getrieben. Daher stammt die Redewendung „Auf den Eichen wachsen die besten Schinken“. Eicheln enthalten nämlich reichlich Stärke und Öle und bilden daher eine gute Nahrung für Wildtiere – für alles Schalenwild, Enten, Tauben, Eichelhäher und Eichhörnchen. Eichelhäher und Eichhörnchen legen Vorratskammern für den Winter an, manche werden vergessen oder nicht genutzt, und so tragen diese Tiere einen wichtigen Teil zur Naturverjüngung bei – wertvolle Gehilfen für die Förster!

Steckbrief
Stiel-Eiche

Andere Bezeichnung: Sommer-Eiche, Hag-Eiche

Wissenschaftlicher Name: *Quercus robur L.*

Familie: Buchengewächse *(Fagaceae)*

Gattung: Eichen

Wuchshöhe: 30 bis 35 Meter

Stamm: Durchmesser 2 Meter und darüber. Walziger Stamm mit unregelmäßiger Krone. Rinde silbergrau, glänzend, im Alter graubraune tiefrissige Borke.

Geschlecht: Einhäusig (männliche und weibliche Blüten auf demselben Baum). Im Freistand mit 50 bis 60 Jahren mannbar und im Bestandesschluss mit 70 bis 80 Jahren.

Blüte und Frucht: Männliche Kätzchen grünlich, hängend; weibliche Blüten knöpfchenförmig rot; Früchte (Eicheln) sitzen einzeln oder zu zweit auf einem langen Stiel – daher der Name.

Blütezeit: April/Mai

Samenreife: September/Oktober

Wurzelsystem: starke Pfahlwurzel, später kräftige Herzwurzel

Blätter: Sommergrün, in Büscheln am Ende der Triebe, kurzgestielt, mit jederseits 4 bis 5 abgerundeten, unregelmäßigen, ganzrandigen Lappen. Die Spreite ist am Blattgrund geöhrt.

Standort: Lichtbaumart, tiefgründige, frische feuchte Böden, wärmeliebend; verträgt sommerliche Trockenheit.

Alter: 500 bis 800 Jahre, einzelne Bäume bis 1.200 Jahre.

Atrogewicht: 1 Festmeter Holz FMO wiegt 630 Kilogramm.

Die **Trauben-Eiche** *(Quercus petraea)* – auch „Winter-Eiche" genannt – ist der Stiel-Eiche sehr ähnlich. Gravierende Unterschiede gibt es lediglich bei den Blättern. Diese sind mehr langgestielt, regelmäßig gelappt mit jederseits 5 bis 7 Lappen. – Außerdem sind die Früchte kurzstielig.

Stamm einer alten Stiel-Eiche.

Im Alter bekommt die Stiel-Eiche eine tiefrissige graubraune Borke – gute Voraussetzungen für ein reiches Insektenleben!

Dicke braune Knospen.

Die Endknospe ist groß und von mehreren Seitenknospen umgeben.

Wechselständige Blätter.

Sie treten in Büscheln am Ende der Triebe auf. Die Eicheln befinden sich auf einem langen Stiel – daher „Stiel"-Eiche!

Walzenförmige Frucht.

Unreif sind sie grün, und im reifen Zustand hellbraun.

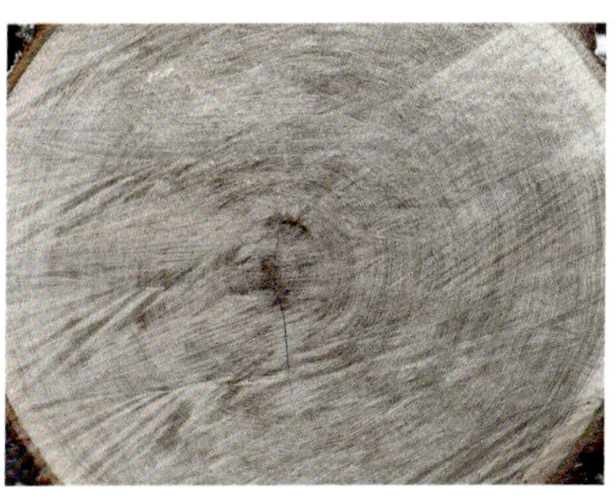

Eichen-Holz.

Gelblich-weißer Splint und gelblich-schwärzlich-brauner Kern.

Bestes Nutzholz.

Wegen seiner Widerstandsfähigkeit wird es auch im Garten verwendet.

Blätter und Früchte der Trauben-Eiche.

Die Blätter der Traubeneiche sind verhältnismäßig langstielig und regelmäßig gelappt. Die Eicheln sind kürzer und gedrungener als bei der Stiel-Eiche. Sie sind fast ungestielt und stehen meist zu dritt, mitunter aber auch bis zu 7 traubig gehäuft – daher „Trauben"-Eiche!

Stamm einer Trauben-Eiche.

Die Trauben-Eiche hat einen schlankeren Stamm als die Stiel-Eiche.

Holz der Trauben-Eiche.

Die Jahresringe sind feiner als bei den anderen Eichen.

Trauben-Eiche

Wissenswertes

Die Trauben-Eiche hat allgemein einen schlankeren Stamm und eine regelmäßigere Krone als die Stiel-Eiche. Sie blüht 10 bis 14 Tage später als die Stiel-Eiche und ist etwas weniger anspruchsvoll in Bezug auf Boden, Wärme und Feuchtigkeit. Sie meidet Staunässe und Überschwemmungsgebiete sowie hoch anstehendes Grundwasser. – Die Eicheln der Trauben-Eiche sind kürzer und gedrungener als bei der Stiel-Eiche. Diese Eicheln sitzen gehäuft an sehr kurzen Stielen, meist zu dritt, mitunter sind aber auch bis zu 7 traubig gehäuft beisammen – daher der Name „Trauben-Eiche".

Gravierende Unterschiede zwischen der Stiel-Eiche und der Trauben-Eiche gibt es sonst nur noch bei den Blättern: die der Trauben-Eiche sind mehr langgestielt, regelmäßig gelappt mit jederseits 5 bis 7 Lappen. *(Siehe dazu auch den Steckbrief Seite 34!)*

Nun noch ein paar weitere wissenswerte Details zu Eichen im Allgemeinen:

Gerne werden Eichen als Horstbaum verwendet, etwa von Greifvögeln.

Was heute nur mehr wenige wissen: Die Eichel wurde früher zum Bierbrauen verwendet. Auch als Kaffee-Ersatz wurde sie geröstet.

Junge Eichenrinde diente zur Gewinnung von Gerbstoffen für Gerbereien.

In der Volksmedizin wurden Absude aus Rinde zur Heilung von Zahnfleischerkrankungen verwendet. In Mischungen mit Kamille wurden Sitzbäder zur Behandlung von Hämorrhoiden verschrieben.

Rot-Eiche

Wissenswertes

Die Rot-Eiche *(Quercus rubra)* stammt aus Nordamerika. Bei uns kommt sie bis hinauf ins Mittelgebirge vor. Sie ist sehr wüchsig und weniger anspruchsvoll als unsere Eichen, allerdings auch früh- und spätfrostgefährdet. Sie wird bis 35 Meter hoch, bis zu 500 Jahre alt und mag frische, humose Böden. Im Bestandesschluss ist sie hoch hinauf astrein und vollholzig und hat auch auf geringeren Böden noch gute Wuchsleistungen.

Blätter der Rot-Eiche.

Groß und wechselständig, die Lappen enden in feinen Spitzen. Im Herbst leuchtend rot.

Rot-Eicheln.

Die Eicheln sind breit-eiförmig, der Fruchtbecher macht fast die Hälfte aus. Im 1. Jahr kaum erbsengroß.

Stamm einer Rot-Eiche.

Ab dem 40. Lebensjahr wird die Borke dünnschuppig, vorher ist sie glatt.

Holz der Rot-Eiche.

Schmaler Splint, rötlichbrauner Kern.

Grau-Erle

Wissenswertes

Die Grau-Erle – auch „Weiß-Erle" genannt – findet man in Überschwemmungsgebieten, als Ufergehölz der Gebirgsbäche und auf feuchten Hängen. In den Alpen kommt sie bis in eine Seehöhe von 1.700 Meter hinauf vor. Sie ist eine Pionierpflanze und ein Bodenfestiger in Lawinengängen. Die Grau-Erle bevorzugt kalkige Böden. Selten wächst sie als solitärer Baum.

Die Grau-Erle eignet sich zur Aufforstung im Ödland, kommt aber auch auf steinigen Böden gut auf. – An Erlenwurzeln haften sogenannte „Wurzelknöllchen", die in Symbiose mit Bakterien und Bindung von Stickstoff bodenverbessernd wirken.

Das Holz ist jenem der Schwarz-Erle ähnlich *(siehe Seite 47)*, also rötlich, nur etwas heller. Die Qualität des Holzes ist allerdings weit unter jener der Schwarz-Erle.

Erlenholz wird gerne als Brennholz verwendet. Es brennt mit raucharmer Flamme. Außerdem zieht man es für die Spanplattenerzeugung heran, auch zur Fertigung von Spielwaren. Es bildet ebenso ein gutes Ausgangsmaterial für die Papierherstellung. – Im Alpenraum hat das Erlenholz eine lange Tradition als Räuchermittel: Es wird zum Räuchern von Speck verwendet.

In der nordischen Mythologie ist die Grau-Erle ein Symbol für Fruchtbarkeit und Freude. Sie steht auch als Symbol für ein Leben nach dem Tod.

Bemerkung am Rande: Die weitverbreitete, von Tallagen bis ins Hochgebirge hinaufsteigende Grün-Erle, auch „Laublatsche" genannt, ist die einzige strauchförmige Erlenart in Europa. Man findet sie in unseren Breiten häufig in Lawinengängen. Da dieses Buch ausschließlich Laub*bäumen* gewidmet ist, wird die Behandlung der Grün-Erle einem anderen Buch vorbehalten sein.

Steckbrief

Andere Bezeichnung: Weiß-Erle

Wissenschaftlicher Name: *Alnus incana*

Familie: Birkengewächse *(Betulaceae)*

Gattung: Erlen

Wuchshöhe: Bis 25 Meter – kleiner bis mittelgroßer Baum mit oftmals gekrümmtem Schaft.

Stamm: Maximal 40 Zentimeter im Durchmesser. Rinde glatt, grau bis silbrig, keine auffallende Borke. Mit zahlreichen Korkwarzen versehen. Zweige sind eher grau und behaart.

Frosthärte: Frostresistent. Toleriert längere Dürreperioden.

Geschlecht: Einhäusig, getrenntgeschlechtig; windblütig.

Knospen: Verkehrt eiförmige Winterknospen, rotviolett; am Beginn sind die Knospenschuppen mit feinen Haaren bedeckt; gestielt; nicht klebrig. Das Mark der Zweige zeigt eine dreieckige Form. Zweige dreikantig.

Blüte und Frucht: Sowohl männliche als auch weibliche Blüten bereits im Sommer vor der Blüte angelegt. Männliche Kätzchen etwa 6 bis 9 Zentimeter; weibliche Blüten eher unscheinbar, nur 5 Millimeter groß. Braune Fruchtzapfen mit schmal geflügelten, holzigen Samennüsschen.

Blütezeit: Ab Februar – weit vor dem Blattausbruch.

Fruchtreife: Ab September bis in den Winter reifend; Samen fliegen erst im Frühjahr aus.

Wurzelsystem: Herzwurzelsystem; reiche Wurzelbrut.

Blätter: Sommergrün. Umriss der Blätter breit-eiförmig bis elliptisch, am Rand doppelt gesägt, am vorderen Ende zugespitzt; Blattstiel etwa 8 bis 20 Millimeter lang, Blatt 5 bis 9 Zentimeter; an der Oberseite unbehaart, dunkelgrün, Unterseite graubraun. In der Jugend sind die Blätter beidseitig weichhaarig, am Ende der Vegetationszeit bleiben nur noch die Blattadern behaart. Blätter sind wechselständig angeordnet.

Standort: In Überschwemmungsgebieten, als Ufergehölz der Gebirgsbäche und auf feuchten Hängen. In den Alpen bis 1.700 Meter Seehöhe zu finden. Pionierpflanze und Bodenfestiger in Lawinengängen. Bevorzugt kalkige Böden.

Alter: Kaum mehr als 50 Jahre.

Stamm einer Grau-Erle.

Die Rinde ist eher glatt und silbrig. Der Stamm ist meist krumm und von geringem Durchmesser.

Triebe und Knospen.

Stiel und Triebe der Grau-Erle sind fein behaart. Die Knospen sind nicht klebrig.

Weibliche Kätzchen.

Grau-Erlenzweig mit weiblichen, kurz gestielten Kätzchen.

Zäpfchen.

Kleine, eiförmige Zäpfchen bilden die Früchte. Die Zapfen reifen im September.

Blätter der Grau-Erle, Oberseite.

Sie sind eiförmig, vorne zugespitzt und doppelt gesägt, kurz gestielt.

Blatt-Unterseite.

An der Unterseite sind die Blätter filzig und graugrün.

Schwarz-Erle

Wissenswertes

Die Schwarz-Erle ist ein mittelgroßer bis großer Baum mit vollholzigem Stamm und pyramidenförmiger Krone. Sie verträgt von den heimischen Baumarten die höchste Bodenfeuchtigkeit und bildet keine Wurzelbrut, sondern nur Stockausschläge.

Mit ihren Wurzelknöllchen wirkt sie bodenverbessernd. Sie ist ein wichtiges Bodenschutzholz an Ufern, in Auen sowie in Mooren und eine gute Pionierbaumart auf Geröll- und Schotterböden, Schutt- und Abraumhalden sowie zum Stabilisieren auf Rutschterrain.

Das Holz ist leicht und weich, rostrot bis rostbraun und verfärbt sich nach dem Fällen intensiv rötlich. Unter Wasser ist es praktisch unbegrenzt haltbar und wird für Furniere in der Möbelindustrie, für Schatullen und für Kistchen verwendet. Des Weiteren findet Erlenholz Verwendung für Holzschuhe, Drechselwaren, Spielzeug, Bleistifte, Bilderrahmen, Wasserbauten und in der Spanplattenerzeugung.

Die Erlen dienen nur wenigen Tieren als Nahrung, weil sie sich mit Abwehrstoffen gegen das Gefressenwerden schützen.

Dort, wo genügend Wasser ist, gibt es in der Regel ein vielfältiges Leben, das heißt: Erlenwälder sind artenreich. So findet in Erlenbruchwäldern etwa die Waldschnepfe ausgezeichnete Lebensbedingungen, aber darüber hinaus auch noch viele andere Vogel- und Amphibienarten.

Steckbrief

Andere Bezeichnung: Rot-Erle

Wissenschaftlicher Name: *Alnus glutinosa L.*

Familie: Birkengewächse *(Betulaceae)*

Gattung: Erlen

Wuchshöhe: bis 30 Meter

Stamm: Bis 50 Zentimeter im Durchmesser. Schaft gut ausgebildet, vollholzig, Krone pyramidenförmig. Rinde anfangs grünlich-braun, glatt und glänzend; im Alter schwarzbraune Tafelborke.

Geschlecht: Einhäusig (männliche und weibliche Blüten auf demselben Baum). Freistehend mit 12 bis 20 Jahren und im Bestandesschluss mit 40 Jahren mannbar.

Knospen: Gestielt und sehr klebrig.

Blüte und Frucht: Männliche und weibliche Blüten erscheinen an den Zweigspitzen schon im Vorjahr; die männlichen walzenförmigen Kätzchen hängend, weibliche Blütenkätzchen gleich daneben zunächst aufrecht stehend. Die Fruchtstände sind kleine eiförmige, verholzte Zäpfchen, die winzige Samennüsschen enthalten.

Blütezeit: März/April

Samenreife: September/Oktober – fliegt aber erst im Februar/März aus.

Wurzelsystem: Herzwurzelsystem – auch bis zu 2 Meter tief gehend.

Blätter: Sommergrün; verkehrt eiförmig, mit eingebuchteter Spitze.

Standort: Lichtbaumart; Pionierbaum; sehr anpassungsfähig. Bevorzugt feuchten, zeitweise überschwemmten, lockeren Boden.

Alter: Bis 100 Jahre.

Atrogewicht: 1 Festmeter Holz FMO wiegt 500 Kilogramm.

Zum Namen: Heißt auch „Rot-Erle“, wie oben erwähnt. Dieser Name kommt von der schwarzbraunen Borke und wegen der rostroten Farbe des Holzes.

Stamm einer Schwarz-Erle.

Die Rinde ist anfangs noch grünlich-braun; im Alter allmählich dann schwarzbraune Tafelborke.

Kätzchen und Zäpfchen.

Die dunkelbraunen Zäpfchen tragen die Samennüsschen. Männliche Kätzchen walzenförmig, hängend.

Blätter der Schwarz-Erle.

Die Blätter sind verkehrt eiförmig, wechselständig und mit eingebuchteter Spitze.

Stockausschlag.

Die Schwarzerle hat ein anhaltendes Ausschlagvermögen aus dem Stock.

Gänse mit Jugend.

Erlenwälder bieten guten Lebensraum für viele Tierarten.

Schwarz-Erle = „Rot-Erle".

Namensgebend für „Rot-Erle" ist die rostrote Farbe des Holzes.

Esche

Wissenswertes

Die Gemeine Esche ist in Österreich die zweithäufigste Laubbaumart nach der Buche. Charakteristisch ist der walzenförmige Stamm, der sehr zum Zwieselwuchs neigt.

Die Esche hat ein schweres, hartes, aber elastisches Holz. Früher wurde Eschenholz für Speere und Bögen verwendet – wegen der hohen Elastizität. Es wurde auch „Zeugholz" (für Werkzeug) genannt, da es gerne vom Drechsler und Wagner zur Herstellung von Stielen bzw. Rädern verwendet wurde. Weitere Verwendung fand Eschenholz in der Möbeltischlerei, ferner bei der Erzeugung von Fußböden und bei der Herstellung von Sport- und Turngeräten.

Noch in der Mitte des 20. Jahrhunderts wurde das Eschenlaub als Futterlaub verwendet. Michael Machatschek beschreibt in seinem Werk *Nahrhafte Landschaft,* Band 3, die Ernte dieser Futterart als „Luftwiesenwirtschaft". Dieses Laubheu wurde in Bündeln geerntet und dann im Schatten oder in Gebäuden ohne UV-Zersetzung getrocknet.

In der Volksmedizin verwendete man die Blätter und Früchte der Esche bei Rheuma-Krankheiten und bei Gicht. Als fiebersenkend galt auch ein Tee aus abgeschabter Rinde junger Triebe.

Die Esche, im Speziellen die „Weltenesche", stellt in der Mythologie die Stütze und Achse der Welt dar.

Einen für den Bestand der Gemeinen Esche bedrohlichen Zustand verursachte in den letzten beiden Jahrzehnten der Schlauchpilz *Hymenoscyphus fraxineus* (Eschen-Stengelbecherchen). Er führt zum sogenannten Eschentriebsterben, das eine massive Schädigung der Bäume hervorruft und häufig zum Totalausfall bzw. zum Absterben der Bäume führt.

Steckbrief

Wissenschaftlicher Name: *Fraxinus excelsior*

Familie: Ölbaumgewächse *(Oleaceae)*

Gattung: Eschen

Wuchshöhe: bis 40 Meter

Stamm: Durchmesser bis 1 Meter. Rinde in der Jugend olivgrün, glatt, später schwarzbraun mit längsrissiger Borke.

Geschlecht: Dreihäusig (triözisch); das heißt, es kommen sowohl rein männliche, rein weibliche wie auch zwittrige Blüten vor.

Knospen: Auffällig mattschwarz; gegenständig mit seitlichen Halbkugeln.

Blüte und Frucht: Rotviolette Blüten, in dichten Büscheln angeordnet; erst zwischen dem 30. und 40. Lebensjahr blühend und fruchtend. – Schließfrüchte; das sind Flügelnüsschen mit zungenähnlichen kahlen Nüsschen, die in länglichen, büscheligen Rispen am Zweig hängend angeordnet sind; zuerst grün und sich im Herbst braun verfärbend. Sie hängen oft über den ganzen Winter an vorjährigen Zweigen am Baum.

Blütezeit: April bis Mai, vor dem Laubaustrieb. Die Gemeine Esche ist windblütig.

Samenreife: ab Oktober

Wurzelsystem: Weitstreichende Seitenwurzeln mit einer Herzwurzel, daher sehr windfester Baum.

Blätter: Sommergrün; 20 bis 25 Zentimeter lang; langgestieltes kahles Blatt, kreuzweise gegenständig, mit bis zu 11 eilänglichen Fiederblättchen. Diese sind gespitzt, ungleich gesägt, Oberseite dunkelgrün, Unterseite heller. Die im Herbst abfallende Streu wird rasch abgebaut.

Standort: Bevorzugt frische, tiefgründige und nährstoffreiche Böden. In der frühen Jugend schattentolerant, im späteren Alter ausgeprägte Lichtbaumart. Kommt in ganz Mitteleuropa vor, aber auch in Schottland, Südskandinavien bis Nordspanien, Sizilien und Griechenland. – Hügelwaldstufe bis in die Bergwaldstufe, Fluss- und Autäler.

Alter: Bis 250 Jahre. Das Höhenwachstum endet mit etwa 100 Jahren.

Atrogewicht: 1 Festmeter Holz FMO wiegt 650 Kilogramm.

Eschen-Stamm.

Die Rinde ist hell, grün-grau. Erst im Alter bildet sich die schwarzbraune Borke.

Eschen-Knospen.

Auffallend sind die mattschwarzen kaum geschuppten Knospen. Sie sind gegenständig angeordnet.

Im Aufblühen.

Die Blüten sind rotviolett und in dichten Büscheln angeordnet.

Früchte der Esche.

Schließfrüchte der Esche in herabhängenden Rispen. Die Verbreitung erfolgt über den Wind.

Eschen-Blätter.

Sie sind 20 bis 30 Zentimeter lang und unpaarig gefiedert.

Eschenholz.

Farblich besteht zwischen Kernholz und Splint kein Unterschied.

Hainbuche

Wissenswertes

Die Hainbuche ist aufgrund ihres außerordentlichen Stockausschlages, der bis ins hohe Alter anhält, der typische Vertreter der Brennholz-Ausschlagwälder. Durch das enorme Austriebsvermögen kann sie immer wieder auf den Stock gesetzt werden.

In den ersten Jahren sehr langsam, dann allerdings bis zum Alter von 80 Jahren sehr rasch wachsend, beendet sie bald ihr Höhenwachstum.

Als Mischbaumart ist sie sehr wertvoll und wird gerne mit der Eiche kultiviert – als Schaftpflege: Die Hainbuche treibt die Eiche zum Höhenwachstum an. Ihre Bewurzelung ist gut an den Standort angepasst, sie ist Flach- bis Tiefwurzler. Sie verträgt den Schnitt sehr gut und eignet sich für „lebende Zäune" oder Hecken. Sie ist weniger frostempfindlich als die Rotbuche und leidet etwas weniger unter Wildverbiss. Dürre verträgt sie schlecht, und sie ist auch sehr rauchempfindlich. Sie leidet im Alter bei Freistellung, wie die Rotbuche, an Rindenbrand.

Ihr Holz ist unser härtestes und zählt zu den schwersten, nebenbei ist es sehr zäh und widerstandsfähig. Im Volksmund sagt man: „Das ist ein Hainbuchener!", das heißt: „Er ist zäh." Das Holz ist kernlos, gelblich-weiß, mit gewellten Jahresringen.

Im Wagen-, Werkzeug und Maschinenbau ist das Holz gesucht. Es werden daraus auch gerne Walzen, Lager, Stiele, Kegel, Leisten und stark beanspruchte Holzerzeugnisse gefertigt.

Die Wildtiere nehmen vor allem gerne die – sehr harten – Samen an und verbeißen auch gerne die Knospen. In Eichen-Hainbuchenwäldern sind viele Tiere daheim, vom Mittelspecht, dem Kernbeißer, der Hohltaube, dem Grau- und dem Kleinspecht bis hin zum Wespenbussard.

Steckbrief

Andere Bezeichnungen: Weiß-Buche, Hornbaum, Hagebuche

Wissenschaftlicher Name: *Carpinus betulus L.*

Familie: Birkengewächse *(Betulaceae)*

Gattung: Hainbuchen

Wuchshöhe: bis 25 Meter

Stamm: Durchmesser 100 Zentimeter. Manchmal vielstämmig. Im Bestandesschluss gerader Stamm, sonst gekrümmt, spannrückig (mit Längswülsten).

Geschlecht: Einhäusig (männliche und weibliche Blüten auf demselben Baum). Im Freistand mit 10 bis 20 Jahren und im Bestandesschluss mit 30 bis 40 Jahren mannbar.

Blüte und Frucht: Männliche Kätzchen walzig rötlich und hellgrün hängend; weibliche Blüten hängen am Ende der Zweigspitzen. Die Samen hängen gemeinsam in Kätzchen; jeder Same hat einen auffälligen dreilappigen Flügel.

Blütezeit: April bis Juni. Die Knospen erscheinen im Sommer des Vorjahres.

Samenreife: Oktober

Wurzelsystem: Je nach Standort Tief- oder Flachwurzler.

Blätter: Sommergrün; eiförmig zugespitzt, Blattrand doppelt gesägt.

Standort: Halbschattbaumart. Hainbuchen brauchen frischen mineralreichen, lockeren Boden. Die Hainbuche ist ein Baum der Tieflagen und des Hügellandes.

Alter: bis zu 150 Jahre

Atrogewicht: 1 Festmeter Holz FMO wiegt 720 Kilogramm.

Zum Namen: *Weiß-Buche* – wegen der weißlichen Holzfarbe;
Hornbaum – der besonderen Härte des Holzes wegen (hart wie Horn);
Hagebuche – vom Vorkommen in Hainen und Hecken (= Hag).

Stamm einer Hainbuche.

Typisch für die Hainbuche sind die Längswülste der Rinde.

Hainbuchen-Knospen.

Die Knospen sind zweizeilig und anliegend ausgebildet. Sie erscheinen im Sommer des Vorjahres.

Hainbuchen-Blätter.

Sie sind scharf doppelt gesägt und streng zweizeilig. Früher diente das Laub der Hainbuche als Viehfutter.

Nüsschen der Hainbuche.

Sie werden gerne vom Reh angenommen. Die Samen sind hart und haben geringe Keimkraft.

Reh-Äsung.

Im Eichen-Hainbuchenwald bildet sich eine reichhaltige Krautschicht.

Hainbuchen-Holz.

Das härteste und schwerste Holz, kernlos und sehr widerstandsfähig.

Edel-Kastanie

Wissenswertes

Im ersten Jahrzehnt ist die Kastanie langsamwüchsig, dann aber wächst sie sehr rasch. Ihr Ausschlagvermögen ist sehr groß, weshalb sie im Niederwaldbetrieb einerseits zur Gewinnung von Gerbrinde und zugleich zur Erzeugung von Rebpfählen eingesetzt wurde. Sie bildet auch kräftige Wurzelbrut. Gegen Dürre, Hitze, Spät- und Frühfröste ist sie sehr empfindlich. Im Hochwaldbetrieb ist sie in ihrer Heimat – sie ist der Baum des Berglandes im „Weinklima" – oft mit der Walnuss und der Eiche vergesellschaftet. Sie leidet sehr unter dem Kastanienrindenkrebs, welcher von einem Pilz verursacht wird, der ganze Landstriche „kastanienfrei" macht.

Die Rinde und das Holz sind sehr gerbstoffreich, das Holz ist daher sehr dauerhaft – ähnlich der Eiche. Die Kastanie wird auch als „Eiche der armen Leute" bezeichnet. Das harte, aber elastische Holz findet Verwendung als Bau- und Möbelholz, als Zaunsteher, für Schiffsbau, Wagnerei, Weinfässer, für Särge, Drechslerei, Schnitzerei, Brennholz und auch im Wasserbau.

Die schweren Samen werden durch Häher, Siebenschläfer und Eichhörnchen verbreitet. Im Herbst und Winter locken die Kastanien Wildschweine, Rotwild und Rehe an. Immer wieder wird die Laubdecke aufgeschlagen, um nach den verborgenen Köstlichkeiten zu suchen. Die Früchte beinhalten viel Stärke und Zucker, der Eiweißgehalt ist höher als in Kartoffeln. Sie werden auch von uns Menschen gerne verzehrt, ob glasiert, zu Mehl verarbeitet, zu Bier gebraut oder beim Maronibrater im EU-konformen Papierstanitzel. Auch in der Homöopathie werden Blätter und Kastanien-Extrakte verwendet. – Es zahlt sich auf alle Fälle aus, die Edel-Kastanie im Revier zu kultivieren!

Steckbrief

Andere Bezeichnung: Esskastanie, Zahme Kastanie

Wissenschaftlicher Name: *Castanea sativa Miller*

Familie: Buchengewächse *(Fagaceae)*

Gattung: Kastanien

Wuchshöhe: 25 bis 30 Meter

Stamm: Durchmesser 2 bis 3 Meter. Im Bestand langschäftig, schlanker Kronenbau. Die Rinde ist olivbraun glatt; im Alter bekommt der Baum eine zunehmend längsrissige Borke.

Geschlecht: Einhäusig (männliche und weibliche Blüten auf demselben Baum). Im Freistand mit 20 bis 30 Jahren mannbar, im Bestandesschluss mit 40 bis 60.

Blüte und Frucht: Männliche Kätzchen bis 15 Zentimeter lang, perlschnurförmig in Gruppen; meist 2 bis 3 weibliche Blüten an deren Basis. Fruchthülle sehr stachelig („Kastanien-Igel"); 2-3 Kastanien in einer Hülle. Alle 2 bis 3 Jahre gibt es eine Vollmast.

Blütezeit: Juni/Juli; Bestäubung vor allem durch Insekten.

Samenreife: Oktober

Wurzelsystem: Anfänglich Pfahlwurzel, später kräftig entwickelte Seitenwurzeln.

Blätter: Sommergrün; wechselständig, groß und lang, kurzer Blattstiel, Rand gezahnt.

Standort: Halbschattbaumart, verlangt zur Fruchtreife mildes, nicht zu trockenes „Rebenklima".

Alter: bis zu 1.000 Jahre

Atrogewicht: 1 Festmeter Holz FMO wiegt 600 Kilogramm.

Zum Namen: Die *Zahme Kastanie*, das war die kultivierte, die Edle mit den wohlschmeckenden Früchten, die süße Ess-Kastanie. Die *Wilde Kastanie* dagegen, das war die, deren Samen bestenfalls den Pferden und anderem Vieh schmeckten, die bittere Rosskastanie.

Stamm einer Edel-Kastanie.
Zunächst ist die Rinde olivbraun glatt. Im Alter bekommt der Baum eine zunehmend längsrissige Borke.

Knospen.
Die Knospen sind gedrungen und sitzen auf vorspringenden Blattkissen.

Kastanienblüten.
Kastanien sind einhäusig und bilden eine einzigartige Bienenweide – Kastanienhonig!

„Kastanien-Igel".
Geöffneter Kastanien-Igel mit den begehrten Maroni. In einer Hülle finden sich 2 bis 3 Kastanien.

Trockenes Blatt.
Die Blätter sind wechselständig, groß, bis zu 25 Zentimeter lang und gezahnt.

Kastanien-Holz.
Hart, gelblicher Splint, Kern dunkelbraun.

Ross-Kastanie

Wissenswertes

Eines gleich vorweg: Die Übereinstimmung im Namen mit der Edel-Kastanie beruht bloß auf der oberflächlichen Ähnlichkeit der Früchte – brauner Kern in stacheliger Hülle – und nicht auf botanischer Verwandtschaft. Edel-Kastanien sind eine Gattung in der Familie der Buchengewächse, die Ross-Kastanien sind den Seifenbaumgewächsen zugeordnet.

Der Name stammt aus einer Zeit, in der man den Rössern die Früchte dieses Baumes als Arznei gegen den „Husten" verabreicht hat.

Ursprünglich stammt die Ross-Kastanie aus dem Norden Griechenlands. Sie wurde durch Carolus Clusius im Jahr 1576 vom Balkan nach Zentraleuropa gebracht. In den Alpen findet man Ross-Kastanien bis in eine Seehöhe von rund 1.300 Meter.

Für Probleme sorgt bei diesem Baum in den letzten Jahrzehnten der Befall durch die Rosskastanien-Miniermotte, einem Kleinschmetterling aus der Familie der Miniermotten. Sowohl die Raupen als auch die Puppen entwickeln sich schon an den Blättern und führen so zum vorzeitigen Welken der Blätter und somit zu deren frühzeitigem Verlust.

Die Ross-Kastanie wird gerne in Parks gepflanzt, ihr natürliches Vorkommen liegt aber in Griechenland und Albanien. Sie ist ein großkroniger, reich belaubter und schattenspendender Baum.

Rosskastanien werden in der Pharmaindustrie als Grundlage für entzündungshemmende Präparate verwendet. Auch in der Volksmedizin hat die Ross-Kastanie eine Bedeutung: Man meint nämlich, dass bei Gicht und Rheuma durch die Wärme, die von unter dem Bett liegenden Kastanien ausgeht, Linderung eintritt.

Steckbrief

Wissenschaftlicher Name: *Aesculus hippocastanum*

Familie: Rosskastaniengewächse *(Hippocastanaceae)*

Gattung: Rosskastanien

Wuchshöhe: 25 bis (selten) 30 Meter

Stamm: Durchmesser bis 1 Meter. Rinde in der Jugend dunkelbraun, im Alter graubraun, borkig und in groben Schuppen abblätternd. Stark drehwüchsig – fast immer rechtsdrehend.

Frosthärte: minus 24 bis minus 28° C

Geschlecht: zwittrig oder männlich

Blüte und Frucht: Blütezeit nach dem Blattausbruch Ende April bis Mai. Große, 20 bis 30 Zentimeter lange aufrechte Rispen („Kerzen"); bestachelte Kapselfrucht.

Samenreife: September. Die Samen sind wie die Kapsel kugelig, 2 bis 7 Zentimeter im Durchmesser, rundlich, braun glänzend mit einem grauen „Nabelfleck". Für Menschen sind die Samen schwach giftig; für Rotwild aber stellen Rosskastanien eine willkommene Abwechslung am Speiseplan dar. Samenjahre alljährlich. Ross-Kastanien sind bereits mit 15 Jahren mannbar.

Wurzelsystem: Flachwurzler

Blätter: Sommergrün. Blätter sind 10 bis 20 Zentimeter lang gestielt, gefiedert mit 5 bis 7 Fingern (Fiederblättchen), wobei sie sich zur Spitze hin verbreitern; Fiederblätter sind doppelt gesägt, gegenständig an den Zweigen angeordnet. Oberseite dunkelgrün, leicht glänzend; Unterseite helles Grün mit Härchen in den Adernwinkeln.

Standort: Liebt lockeren, nahrhaften und frischen Boden. Keine besonderen Ansprüche an Licht und Wärme, bevorzugt aber eher sonnigen bis halbsonnigen Standort.

Alter: bis 300 Jahre

Atrogewicht: 1 Festmeter Holz FMO wiegt 500 bis 600 Kilogramm.

Stamm einer Ross-Kastanie.

Die Ross-Kastanie ist ein meist drehwüchsiger Baum mit dunkelbrauner bis graubraun werdender, in Schuppen abblätternder Borke.

Knospe.

Die Endknospen sind breit bis kegelförmig, klebrig und mehrschuppig.

Blätter der Ross-Kastanie.

Die Laubblätter sind zwischen 15 und 25 Zentimeter lang und gefingert (5 bis 7 Finger).

Blüten.

Die Blüten erscheinen in aufrechten Rispen (Kerzenform) im Mai nach dem Blattausbruch.

Stachelige grüne Schale.

Die Früchte werden von einer weichen, stacheligen Schale ummantelt.

Rosskastanien.

Die Früchte sind glänzend rotbraun – meist 2 bis 3 in der grünen Schale.

Vogel-Kirsche

Wissenswertes

Die Vogelkirsche ist ein kurzschäftiger Baum mit starker Krone. Im Bestandesschluss weist sie einen geraden, vollholzigen und gereinigten Stamm auf. Sie hat ein kräftiges und weitläufiges Wurzelsystem und eignet sich damit gut zur Befestigung steiler Böschungen – ähnlich dem Nussbaum.

Die Vogelkirsche liebt kalkhaltige, sonnige Lagen, sie ist sehr wärmeliebend und wächst einzeln in Laubmischwäldern oder Gebüschen, an Waldrändern oder an Bachläufen. Sie geht in den Alpen vereinzelt bis zu 1.700 Meter Seehöhe hinauf.

Der Baum ist bis zum Alter von 40 Jahren raschwüchsig, stellt aber mit 60 Jahren meist den Höhenwuchs ein und bildet kräftigen Stockausschlag. Sie stellt eine wertvolle Mischbaumart dar und ist die Stammart aller gezüchteten Süßkirschen.

Das Holz ist sehr beliebt und wird vor allem als Furnier-, Möbel- und Drechselholz verwendet.

Als Bienenweide ist sie sehr geschätzt, und die Bestäubung erfolgt vor allem durch Insekten. Marder, Dachs, Fuchs und Vögel nehmen die Kirschen gerne auf und transportieren so die Kirschkerne weit weg vom Mutterbaum. Die Samen werden mit den Früchten mitgegessen, verlassen den Magen-Darmtrakt und werden weit entfernt vom Mutterbaum mit der Losung ausgeschieden.

Die Löcher und Höhlen morscher Kirsch-Stämme werden gerne von Tieren bewohnt – angefangen von der Fledermaus bis hin zur Hohltaube. Schmetterlingsraupen – wie etwa die Raupe vom Wiener Nachtpfauenauge – ernähren sich gerne von den Blättern der Kirsche.

Steckbrief

Andere Bezeichnung: Wildkirsche, Waldkirsche, Kirschbaum, Süßkirsche

Wissenschaftlicher Name: *Prunus avium L.*

Familie: Rosengewächse *(Rosaceae)*

Gattung: Prunus

Wuchshöhe: 25 Meter

Stamm: Durchmesser 60 Zentimeter. Rinde glatt graubraun; im Alter löst sich Korkhaut in Querbändern; typische Ringelborke. Kurzschäftiger Baum mit starker Krone.

Geschlecht: Zwittrig (männlich und weiblich in einer Blüte). Wird mit 20 bis 25 Jahren mannbar.

Blüte und Frucht: Durchscheinend reinweiße Blüten. 2 bis 4 Blüten in einer Dolde. Kleine Kirschen mit wenig Fruchtfleisch und großem Kern.

Blütezeit: April/Mai

Samenreife: Juli

Wurzelsystem: Weitstreichende, kräftige Wurzeln.

Blätter: Sommergrün; langgezogen elliptisch, zugespitzt und grob gesägt; am Blattstiel zwei große rote Drüsen.

Standort: Lichtbaumart; optimal ist frischer, kalkhaltiger oder lehmiger Boden in sonniger Lage.

Alter: 90 Jahre

Atrogewicht: 1 Festmeter Holz FMO wiegt 600 Kilogramm.

Zum Namen: Der Namenszusatz *avium* beim wissenschaftlichen Namen leitet sich vom lateinischen Wort *avis* für Vogel ab und bezieht sich auf die Früchte, die gern von Vögeln gefressen werden. Auch die Bezeichnung „Süßkirsche“ (im Gegensatz zur Sauerkirsche/Weichsel) deutet auf die süßlichen Früchte hin, die eine beliebte Vogelnahrung darstellen.

Stamm einer Vogelkirsche.

Die Rinde ist glatt, graubraun glänzend mit den typischen quergestellten Lentizellen; in Querbändern löst sich die Korkhaut.

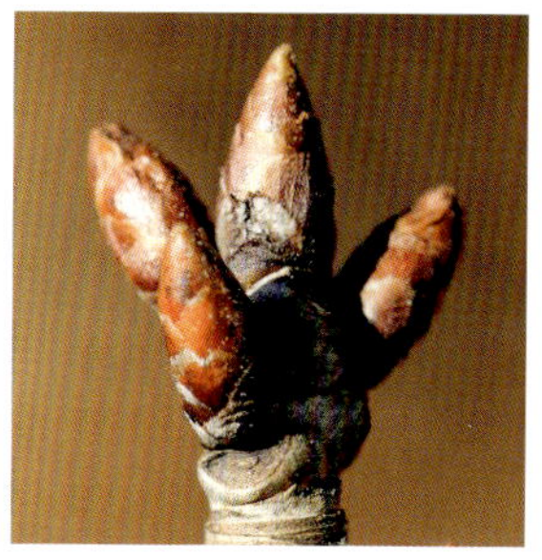

Knospen.

Sie sind spiralig angeordnet und glänzend braun, spitzeiförmig und vielschuppig.

Kirschblüte.

Nicht nur eine Augenweide – auch für Bienen und andere Insekten eine herrliche Nahrungsquelle!

Früchte der Vogelkirsche.

Langgestielt, reichlich erbsengroßer Steinkern, rot – die Früchte sind beliebt bei Mensch und Tier.

Grünling.

Die süßen Früchte der Kirsche sind ein Magnet für die Vogelwelt.

Kirschholz.

Rötlich-weißer, schmaler Splint, rötlich-gelbbrauner Kern. Wertvoll!

Sommer-Linde

Wissenswertes

Der Name „Linde“ stammt vom germanischen Wort *lind* und bedeutet „weich“, „geschmeidig“.

Die Sommerlinde – auch „Großblättrige Linde“ genannt – ist im Freistand ein besonders mächtiger Baum, welcher bis zu 1.000 Jahre alt wird. Sie ist die typische „Dorflinde“, wird aber auch gerne als Park- oder Alleebaum gepflanzt. Ihr Laub ist sehr nährstoffreich und baut sich rasch ab.

Die Linde war stets jener Baum, unter dem Liebende einander trafen. Das war kein Zufall: Denn die Linde hat herzförmige Blätter. Kein Zufall ist also auch, dass die Linde in vielen Gedichten und Liedern besungen wird, etwa bei Walther von der Vogelweide und Franz Schubert.

Die Linde gilt ob ihrer volksmedizinischen Bedeutung auch als heiliger Baum und ist deshalb sehr oft auch bei Wegkreuzen, Marterln und Kapellen anzutreffen. Außerdem ist sie aufgrund ihres dichten Blätterdaches ein sehr guter Schattenspender.

Der weiche Charakter des Holzes führte dazu, dass es gerne als Schnitzholz verwendet wird, wobei in der Verwendung zwischen der Winterlinde – die im Anschluss besprochen wird – und der Sommerlinde kein Unterschied gemacht wird.

Die Blüten der Sommerlinde sind eine wichtige Bienenweide für die Imker. Außerdem werden die Blüten gerne für die Teezubereitung gesammelt und getrocknet. Weiters werden die Lindenblüten auch gerne für einen Sirup verwendet – ähnlich dem Hollersirup.

Steckbrief

Wissenschaftlicher Name: *Tilia platyphyllos*

Familie: Malvengewächse *(Malvaceae)*

Gattung: Linden

Wuchshöhe: bis 35 Meter

Stamm: Durchmesser bis 3 Meter. Rinde grau bis graubraun, längsrissig und dick gerippt.

Frosthärte: frost- und dürreempfindlich

Geschlecht: zwittrig

Blüte und Frucht: Trugdolde meist 2- bis 5-blütig mit einem gelblichgrünen, glattrandigen Tragblatt, das dem Fruchtstand zur Reifezeit als „Fluggerät" dient. Nussfrüchte (8 bis 10 Millimeter) ei- bis birnenförmig, deutlich längsgerippt; sie besitzen eine dicke Kapselschale und sind daher nicht zerdrückbar.

Knospen: drei Knospenschuppen, rundlich und tiefrötlich

Blütezeit: Juni

Fruchtreife: September

Wurzelsystem: In der Jugend Pfahlwurzler, der sich im Alter zu einem mächtigen Wurzelkörper mit tiefreichender Herzwurzel, aber auch mächtigen Seitenwurzeln entwickelt.

Blätter: Sommergrün; wechselständig, 7 bis 15 Zentimeter lang; gezahnt, rundlich bis asymmetrisch herzförmig und kurz zugespitzt, sehr weich; Oberseite und Unterseite behaart, Unterseite weiße Achselbärte; Blattstiel behaart, lebhaft grün.

Standort: Sie ist anspruchsvoller als die Winterlinde, wächst von der Ebene bis auf 1.400 Meter; liebt sonnige, mäßig kalkhaltige Feinschutthalden, steht dort als Pionier und entwickelt sich besser im Freistand, wo die Krone öfters bis zum Erdboden reicht. Sonst bevorzugt die Sommerlinde tiefgründige, nährstoffreiche, mäßig steinige Lehmböden.

Alter: 800 bis 1.000 Jahre

Atrogewicht: 1 Festmeter Holz FMO wiegt 400 Kilogramm.

Stamm einer Sommerlinde.

Die Rinde ist grau bis graubraun, längsrissig und dick gerippt. Der Stamm erreicht bis zu 3 Meter Durchmesser.

Knospen.

Endknospen – schmal bis eiförmig und auf der Sonnenseite rötlich.

Früchte.

Die Früchte sind langgestielt, kugelig, mit 5 Rippen verstärkt, sodass sie nicht zerdrückbar sind.

Blätter.

Sie sind gezahnt, rundlich bis asymmetrisch herzförmig und kurz zugespitzt, außerdem sehr weich.

Blattoberseite.

Die Blattoberseite ist dunkelgrün und mäßig behaart.

Blattunterseite.

Die Unterseite zeigt in den Nervenwinkeln eine weiße Behaarung.

Winter-Linde

Wissenswertes

Im Freistand ist die Winterlinde als eher kurzer, dickschaftiger, reich belaubter Baum zu erkennen. Sie erreicht dabei einen Stamm-Durchmesser von bis zu 2 Metern. Sie kann eine Höhe von bis zu 35 Meter erreichen. Nach rund 180 Jahren ist das Höhenwachstum abgeschlossen. – Die Blätter der Winter-Linde zersetzen sich nach dem Laubfall rasch. Das kalkhaltige Laub gilt als Bodenverbesserer.

Sie blüht am spätesten von allen unseren Laubbäumen. Der würzige Duft der Blüten lockt zahlreiche Insekten zur Bestäubung – Grundlage für den ausgezeichneten Lindenblütenhonig!

Die Linde gilt seit Jahrtausenden als heiliger Baum: die getrockneten Blüten und zerstoßenen Blätter sollen starke Heilwirkung haben. Deshalb wurde auch in Siedlungsnähe oft die sogenannte „Dorflinde" gepflanzt. Abgesehen von den Blättern wurde früher auch das „Lindenwasser" aus der Rinde zum „Desinfizieren" von Wunden verwendet. In der Volksmedizin wird der Lindenblütentee gerne als schweißtreibendes „Heilmittel" eingesetzt. Der Blütentee schafft „Lind-erung".

Ein weiteres Produkt der Linde ist der Bast, der für Bindearbeiten verwendet wurde.

Häufig wird die Linde heute als Parkbaum gesetzt, allerdings kaum mehr entlang von Straßen gepflanzt, da sie sehr anfällig gegenüber Abgasen und Streusalz ist.

Das kernlose Holz der Winterlinde ist weißlich-gelblich und wird hauptsächlich von Drechslern und Holzbildhauern verwendet, da das Holz elastisch und leicht spaltbar ist.

Das Holz hat ausgezeichnete Eigenschaften zur Herstellung von Zeichenkohle.

Steckbrief

Wissenschaftlicher Name: *Tilia cordata*

Familie: Malvengewächse *(Malvaceae)*

Gattung: Linden

Wuchshöhe: 20 bis 35 Meter

Stamm: Durchmesser bis 2 Meter. Rinde in der Jugend grauviolett und glatt, später dunkel mit länglich tief aufgerissener Borke.

Frosthärte: spätfrostgefährdet

Geschlecht: Einhäusig; zwitterig, das heißt beide Geschlechter wachsen an einem Baum. Mannbar ab 20 Jahren.

Blüte und Frucht: Gelblich-weiße Kronblätter, in hängenden Trugdolden zu 5 bis 11 Einzelblüten; am Doldenstiel meist angewachsenes Flügelblatt. – Nussfrüchte zu dritt bis fünft im Fruchtstand; kleine, dunkelbraune, mit einer glatten Schale versehenen Kapselfrüchte mit 1 bis 2 Samenkernen; keine Längsrippe; anders als bei der Sommerlinde lassen sich die Früchte mit den Fingern zerdrücken.

Knospen: Hat nur 2 Knospenschuppen, wobei die unterste über die Knospenmitte hinausragt. End- und Seitenknospen stumpf, eiförmig, Seitenknospen zusammengedrückt und vom Zweig leicht abstehend. Knospenschuppen auf der Lichtseite rötlich, auf der Schattenseite grün.

Blütezeit: Juni bis Juli

Fruchtreife: August bis September. Fruchtverbreitung durch Wind.

Wurzelsystem: Im Jugendalter Pfahlwurzel, später Herzwurzelsystem mit weitreichenden Seitenwurzeln.

Blätter: Sommergrün; wechselständig und 3 bis 10 Zentimeter lang gestielt; Oberseite dunkelgrün, unten bläulich-grün und in den Blattadern rotbraun behaart; ganzrandig gesägt, breit herzförmig, vorn spitz.

Standort: Von der Ebene bis ins Mittelgebirge. In den Zentralalpen bis 1.500 Meter Seehöhe. Bevorzugt tiefgründige, frische, basenreiche Löss- und Tonböden, kommt aber aber auch auf lehmigen Böden vor. Sie ist weniger anspruchsvoll in Bezug auf Wärme als die Sommerlinde. – Vermehrung hauptsächlich durch Stockausschlag.

Alter: 700 Jahre bis (in der Legende) 1.000 Jahre

Winterlinde im Winter.

Im Freistand kann der Stamm bis zu 2 Meter dick werden.

Stamm einer Winterlinde.

In der Jugend graue oder braune Rinde, später dunkelgrau-borkig.

Blätter und Früchte der Winterlinde.

Die Blätter sind breit herzförmig und vorn zugespitzt. Die Früchte zeigen sich bereits kurz nach der Blüte im Frühsommer. Die Frucht ist klein, kugelig, filzig und lässt sich zerdrücken – anders als bei der Sommerlinde.

Wal-Nuss

Wissenswertes

Der Walnussbaum – auch „Welschbaum“ genannt – gedeiht am besten im „Weinbauklima“ und erreicht dort Höhen bis 20 Meter. Der Nusskern ist ölhältig, zweifächrig und vielseitig verwendbar. Im Alpenbereich herrschen zwei Arten vor, die „Steinnuss“ mit schwer herauslösbarem Nusskern und die mediterrane „Papiernuss“, bei der er sich leicht aus der Schale lösen lässt.

Ernten kann man aber nicht nur die reifen Nüsse, sondern der vielseitige Baum bietet noch mehr. Die Blätter etwa enthalten Gerbstoffe, die zwar schwer verrotten, aber die Basis für Hautpflegeprodukte liefern. Beim Zerreiben der Blätter entsteht ein intensiver, herb-würziger Duft, der Insekten vertreiben soll. Außerdem verwendet man Walnussblätter beim Aufguss als Fußbad, dann eingelegte grüne Nüsse für Nusslikör und schließlich das schöne dunkle Hartholz, das gerne von Tischlern und Drechslern verarbeitet wird. Besonders wertvoll ist dabei der Wurzelkörper. Aus ihm entstehen hochwertige Büchsenschäfte. – Das Holz ist sehr hart, mit einem braunen Kern, der Splint zeigt eine schmutzigweiße Färbung. Wahrscheinlich ist Nussholz das derzeit teuerste Nutzholz.

Leonhart Fuchs schreibt in seinem Kräuterbuch von 1543: „*... So einer der nuß vil isset / treiben sie die bzeyten würm auß. Mit honig und rauten vermischt so übergelegt / seind sie gut zu den geschwären der brust / und verzuckten glidern. Mit Zwibel salz und honig vermischt und übergelegt/ seind sie trefflich gut zu menschen oder hunds bißs. Die Nuß mit den schelfen zu pulver verbrent /und auff den nabel gelegt/ stillen das bauchgrimen.... Die Nuß nehmen dem Knoblauch und Zwibel ire scherpffe...*“ – Mit anderen Worten: Die Nuss ist eine vielseitig verwendbare und wohlschmeckende Frucht!

Steckbrief

Wissenschaftlicher Name: *Juglans regia*

Familie: Walnussgewächse *(Juglandaceae)*

Gattung: Walnüsse

Wuchshöhe: bis 30 Meter

Stamm: Durchmesser bis 2 Meter. Rinde in der Jugend silbergrau, verfärbt sich im Alter schwarz und wird tief längsrissig.

Frosthärte: früh- und spätfrostgefährdet

Geschlecht: Eingeschlechtlich; die Pflanzen sind monözisch, getrennte Blüten auf einer Pflanze. Mannbar mit etwa 20 Jahren.

Blüte und Frucht: Einhäusig; die weiblichen Blüten sind klein, grün, einzeln oder zu zweit oder dritt am Ende von Jungtrieben zu finden. Männliche Kätzchen bis zu 15 Zenimeter lang, seitlich herabhängend, wachsen in dicken Walzen am Ende des Vorjahrestriebes. – Die Früchte (einsamig) haben eine hellgrüne, punktierte Fruchthülle. Wenn diese aufspringt, fällt die reife „Nuss“ mit hölzerner, gefurchter Schale aus.

Knospen: Endknospen sehr groß, kugelig, grün-braun, von 2 bis 4 Schuppen umgeben; Seitenknospen spiralig angeordnet. Triebe kahl, glänzend, olivgrün.

Blütezeit: Mai; Windbestäubung.

Fruchtreife: Beginnend im September – Schale springt auf.

Wurzelsystem: Tiefwurzler mit kräftiger Pfahlwurzel.

Blätter: Sommergrün; wechselständig, unpaarig gefiedert, sehr groß, aus 7, manchmal auch 13 Fiederblättchen zusammengesetzt; sehr grob, länglich eiförmig, ganzrandig, großes Endblättchen; dunkelgrün, kahl und zugespitzt. Im Frühjahr sind die Jungblätter zuerst rot, erst später werden sie grün.

Standort: Vor allem in niederen Lagen bis in die colline Stufe zu finden; auf nährstoffreichen Böden, bis in eine Höhe von 1.300 Meter.

Alter: Steinnuss bis 400 Jahre, Papiernuss bis 150 Jahre.

Atrogewicht: 1 Festmeter Holz FMO wiegt 625 Kilogramm.

Stamm einer Walnuss.
Der Stamm ist in der Jugend silbergrau. Im Alter wird er dann schwarz und tief längsrissig

Knospen.
Walnuss-Zweig im Winter mit männlichen Blütenständen.

Kurz vor der Blüte.
Walnuss-Zweig mit noch geschlossener männlicher Blüte.

Blätter des Walnuss-Baumes.
Unpaarig gefiederte Nussbaum-Blätter – mit kugeliger grüner Frucht *(oben mittig)*.

Buntspecht.
Ein Buntspecht erfreut sich an den unreifen Früchten.

Nussholz.
Nussholz ist in unseren Breiten ein sehr begehrtes Holz.

Zitter-Pappel

Wissenswertes

Die Zitter-Pappel – auch Espe oder Aspe genannt – gehört zu den ältesten Waldbäumen Mitteleuropas. Sie wurde schon in der älteren Tundrenzeit (etwa vor 12.000 Jahren) nachgewiesen. Sie ist sehr bescheiden und anpassungsfähig, erträgt Winterkälte und Spätfröste, gedeiht aber am besten auf frischen, kräftigen Böden. Sie ist lichtbedürftig und als Flachwurzler windgefährdet. Ihre Streu wirkt bodenverbessernd. Durch ihre leichten und weit fliegenden Samen gehört sie zu den Pionierbaumarten.

Die Aspe ist ein geradschaftiger Baum mit vollholzigem Stamm. In der Jugend ist sie sehr raschwüchsig, mit Höhentrieben bis zu einem Meter Länge. Mit 40 Jahren lässt sie nach und schließt mit 60 Jahren das Höhenwachstum ab. Sie hat üppigen Stockausschlag und reichlich Wurzelbrut.

Die Aspe ist eine wichtige Futterpflanze für Schmetterlinge und Insekten. Auch von Hasen und vom Schalenwild wird vor allem die Rinde sehr gerne angenommen. Die Knospen werden – neben den Schalenwildarten – auch gerne vom Haselwild angenommen. Ältere Bäume dienen auch als Horstplätze, etwa für Greifvögel und Reiher.

Das kernlose Holz der Aspe ist schmutzigweiß, leicht, gut spaltbar, sehr weich, aber mäßig schwindend. Es werden aus Aspenholz Holzschuhe, Holzwolle, Katzenstreu, Streichhölzer, Spanplatten produziert, außerdem dient es als Blind-, Zellulose- und Faserholz. Rinde und Blätter finden auch Anwendung in der Homöopathie. Wer „zittert wie Espenlaub“, den vergleicht man mit den sich leicht im Wind bewegenden Blättern dieser Pappel.

Steckbrief

Andere Namen: Aspe, Espe

Wissenschaftlicher Name: *Populus tremula* L.

Familie: Weidengewächse *(Salicaceae)*

Gattung: Pappeln

Wuchshöhe: bis 30 Meter

Stamm: Durchmesser bis 1 Meter. Gerader, vollholziger Stamm. Rinde gelblichgrau und glatt – im Alter Borkenwülste.

Geschlecht: Zweihäusig (es gibt männliche und weibliche Bäume). Mit 20 bis 25 Jahren mannbar.

Blüte und Frucht: Die Kätzchen sind groß und dick, hängend, grauzottig mit karminrotem Staubbeutel.

Blütezeit: März/April

Samenreife: Ende Mai. Bleibt nur kurze Zeit keimfähig und keimt 8 bis 10 Tage nach Abfall bzw. Aussaat.

Wurzelsystem: Flach und weit ausstreichend.

Blätter: Wechselständig; eiförmig bis fast kreisrund, unregelmäßig gezähnt, kahl, oberseits lebhaft grün und glänzend, unterseits hellgrün.

Standort: Humusreiche, frische bis feuchte Böden; sehr lichtbedürftig.

Alter: Höchstalter 100 Jahre.

Atrogewicht: 1 Festmeter Holz FMO wiegt 410 Kilogramm.

Zum Namen: *Zitter*-Pappel von der zitternden Bewegung der Blätter im Wind. Diese entsteht durch die plattgedrückten Blattstiele, die dem Wind eine Angriffsfläche bieten.

Abgesehen von der Zitter-Pappel sind in Mitteleuropa auch noch die Schwarz-Pappel *(Populus nigra)* und die Silber-Pappel *(Populus alba)* heimisch. – Pappeln kommen häufig an Flussläufen vor, wo sie Bestandteil der Auwälder sind. Viele Arten, wie etwa die Schwarzpappel, sind gegen Überflutung und auch Überschlickung tolerant, Trockenheit hingegen wird oft schlecht vertragen.

Stamm einer jungen Aspe.

Die Rinde der Zitter-Pappel ist in der Jugend gelblich-grau und glatt.

Stamm einer älteren Aspe.

Im Alter zeigt die Rinde der Zitter-Pappel Borkenwülste.

Aspen-Knospen.

Sie sind spiralig angeordnet. Meist sind die Knospen der Zitter-Pappel klebrig.

Espenlaub.

Die Blätter der Aspe sind eiförmig bis kreisrund und grob gezähnt, die Stiele lang und plattgedrückt.

Kleiner Schillerfalter.

Die Aspe dient als Futterpflanze für viele Schmetterlingsarten.

Aspen-Holz.

Das Holz ist kernlos, leicht, gut spaltbar und sehr weich.

Schwarz-Pappel.

Die Schwarz-Pappel ist sehr raschwüchsig, wird schon mit 40 Jahren bis zu 25 Meter hoch und produziert – abgesehen von ihrer beeindruckenden Mächtigkeit – auch große Holzmassen in kurzer Umtriebszeit. Sie ist ein wichtiger Bestandteil der „weichen Au". Das Holz der Schwarz-Pappel ist weich, wirft sich wenig und ist bei Skulpturen-Schnitzern sehr beliebt.

Silber-Pappel.

Die Silberpappel ist ein hoher, sowohl Sommerhitze als auch Winterkälte gut vertragender Baum mit breiter Krone. Anders als Zitter- und Schwarz-Pappel wird die Silber-Pappel bis 400 Jahre alt. Die jungen Triebe sind filzig ummantelt *(kleines Bild links)*. Die Blätter können unterschiedliche Formen haben, wobei die Unterseite aber immer dicht weißfilzig ist *(kleines Bild rechts)*.

Berg-Ulme

Wissenswertes

Die Berg-Ulme ist ein großer Baum, der im Bestand mit langem, astreinem Schaft wächst. Sie ist ein ziemlich frostharter Tiefwurzler mit ausgebildeter Pfahlwurzel, später zusätzlich mit Herzwurzel. Rauchempfindlich, lichtbedürftig und nur auf kräftigen Böden etwas Schatten ertragend, gedeiht sie gut und hat mit etwa 60 Jahren ihren Höhenwuchs meist abgeschlossen.

Die Früchte der Berg-Ulme werden vom Wind verbreitet und beginnen auf dem Erdboden sofort zu keimen.

Das bereits seit Beginn des vergangenen Jahrunderts wütende Ulmensterben hat die Bestände sehr dezimiert, obgleich die Berg-Ulme von der Krankheit nicht so stark heimgesucht wird, wie die Feld-Ulme. Das Ulmensterben hat seine Ursache in einer Pilzinfektion, die ausschließlich Ulmen betrifft. Der Ulmensplintkäfer gilt als Überträger dieses Schlauchpilzes, welcher die Gefäße des Baumes verstopft und unabdingbar zum Absterben führt.

Das dauerhafte Holz der Ulme, insbesondere der Feld-Ulme, steht als Bau-, Werk- (Furniere, Wagnerei, Drechslerei, Innenraumgestaltung, Hackstöcke) und Brennholz dem der Eiche nur wenig nach. Es ist sehr schwer spaltbar und zeigt deutliche Jahrringe.

Der Bast der Rinde lässt sich zu Bindematerial und zu Seilen verarbeiten und wurde früher gar zu Heilzwecken verwandt: Die ausgekochten Schleim- und Gerbstoffe sollten gegen Husten und Durchfall sowie bei Wunden und bei Hautekzemen helfen. Im Altertum galt der Baum als Sinnbild für Tod und Trauer. Ähnlich der Linde waren über lange Zeit hinweg auch stattliche Ulmen auf bedeutsamen Plätzen gepflanzt.

Das Laub wird von den Wildtieren gerne angenommen.

Steckbrief

Andere Namen: Weiß-Rüster, Hasel-Ulme

Wissenschaftlicher Name: *Ulmus montana H.*

Familie: Ulmengewächse *(Ulmaceae)*

Gattung: Ulmen

Wuchshöhe: 30 bis 40 Meter

Stamm: Durchmesser bis 3 Meter. Langer, astreiner Schaft; im Freistand weit ausladend.

Geschlecht: Zwitterig (männlich und weiblich in einer Blüte), ab dem 30. Jahr mannbar.

Blüte und Frucht: Sehr kurzgestielt, in Knäueln, rötlich-violett. Die Früchte sind kahl, ringsum breitflügelig.

Blütezeit: März/April

Samenreife: Mai/Juni. Die Nüsschen sitzen in der Mitte eines ovalen, häutigen Flügels – Flügelnüsschen. Keimkraft sehr gering, Keimfähigkeit nur einige Wochen.

Wurzelsystem: Erst Pfahlwurzler, dann Herzwurzler.

Blätter: Wechselständig, zweizeilig gestellt, zugespitzt, ringsherum scharfgesägt, fiedernervig; auffällig asymmetrischer Blattansatz beim Blattstiel.

Standort: Halbschattbaumart. Baum der Ebene, des Hügellandes und der Gebirge bis 1.300 Meter Seehöhe.

Alter: Bis zu 400 Jahre.

Atrogewicht: 1 Festmeter Holz FMO wiegt 630 Kilogramm.

Zum Namen: *Hasel*-Ulme, weil die Blätter jenen der Haselnuss ähnlich sind.

Abgesehen von der Berg-Ulme sind in Mitteleuropa auch noch die Feld-Ulme *(Ulmus minor G.)* und die Flatter-Ulme *(Ulmus laevis P.)* heimisch.

Stamm einer Berg-Ulme.

Im Freistand ist die Berg-Ulme weit ausladend – ein mächtiger Baum mit bis zu 3 Metern Stammdurchmesser.

Stamm aus der Nähe.

Berg-Ulmen haben eine derbe, kräftige, leicht längsrissige Borke.

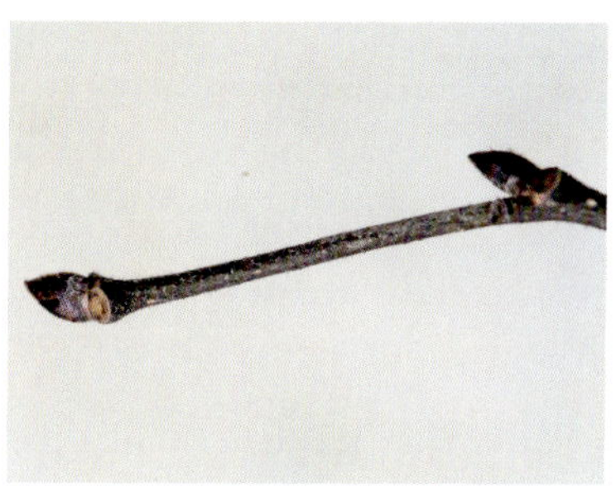

Ulmen-Knospen.

Ulmenknospen sind streng zweizeilig angeordnet, schwarzbraun und ei-kegelförmig zugespitzt.

Ulmen-Blätter.

Die Blätter sind wechselständig. Typisch für alle Ulmen ist der asymmetrische Blattgrund.

Ulmen-Samen.

Links Same der Berg-Ulme, rechts der kleinere Same der Flatter-Ulme.

Ulmen-Holz.

Holz mit gelblich-weißem Splint und blassbraunem Kern.

Sal-Weide

Wissenswertes

In unseren Breiten kommen rund 20 verschieden Weidenarten vor, die untereinander stark bastardisieren. Daher ist es recht schwierig, die einzelnen Arten eindeutig zu erkennen.

Die Sal-Weide, besser bekannt als Palm-Weide, im Volksmund auch „Irlaxen“ oder „Felberbusch“ genannt, wächst in den ersten 3 Jahren sehr langsam und beendet mit ungefähr 25 Jahren ihr Höhenwachstum. Sie kann sich unter günstigen Bedingungen bis zu einem „Großstrauch“ entwickeln. – Sie kommt beinahe in ganz Europa vor, und zwar von den Niederungen bis hinauf auf 1.800 Meter Seehöhe. – Sie lässt sich durch Stecklinge gut vermehren. Bei Böschungssicherungen ist sie hilfreich. Wie die Birke ist sie eine Pionierpflanze und damit für die natürliche Waldentwicklung maßgebend.

Das Holz zeigt einen rötlichweißen Splint mit einem hellroten Kern. Es ist sehr weich und wird heute wirtschaftlich kaum mehr genützt. Früher wurde es für die Herstellung von Zündhölzern verwendet.

Im Frühjahr diente das Holz der Sal-Weide zur Herstellung vom sogenannten „Maipfeiferl“, da sich die mai-schälige Rinde als ganzes Stück abziehen lässt.

Palmkätzchen sind auf dem Lande – auch heute noch – Bestandteil der „Palmbuschen“. Diese werden in der Kirche geweiht und sollen dann Haus und Hof und Menschen vor Unglück bewahren. Bauern markierten früher manchmal die vier Ecken ihres Ackers mit Palmzweigen, um ihr Feld vor Verwüstungen des Korngeistes zu bewahren.

Aufgrund ihrer frühen Blütezeit ist die Sal-Weide eine wichtige erste Futterpflanze für Insekten wie etwa Honigbienen.

Steckbrief

Wissenschaftlicher Name: *Salix caprea*

Familie: Weidengewächse *(Salicaceae)*

Gattung: Weiden

Wuchshöhe: bis 15 Meter

Stamm: Die Rinde ist graubraun, mit rautenförmigen Korkwarzen.

Frosthärte: winterhart

Geschlecht: eingeschlechtliche Blütenstände

Blüte und Frucht: Blüten sind zweihäusig – an einem Baum werden entweder weibliche oder männliche Blütenstände ausgebildet. Blütenkätzchen kurzstielig, sie erscheinen lange vor dem Laubaustrieb. Männliche Kätzchen eiförmig, gelblich, dicht pelzig („Palmkätzchen"), weibliche Kätzchen grünlich, aufrecht, schmäler. Lange Kapselfrüchte, grau filzig, in den Kätzchen aneinandergereiht, grauwollige behaarte Samen.

Knospen: Oval, kahl, gelb bis rotbraun, auswärts gebogene Spitze; spiralförmig angelegt. Eine einzige Knospenschuppe bedeckt die Knospe; diese wird ungefähr 2 Zentimeter lang und rund 1,5 Zentimeter breit.

Blütezeit: Anfang März. Daher wichtige Futterpflanze für unsere Insekten, vor allem für die Bienen.

Fruchtreife: Juni bis Juli

Wurzelsystem: Flachwurzler mit weitreichenden Seitenwurzeln.

Blätter: Sommergrün; wechselständig, breit elliptisch mit einer kurzen, stumpfen Spitze. Bis zu 7 Zentimeter lang und etwa 4 Zentimeter breit, wobei das größte Maß in der Mitte der Blätter erreicht wird. Die Blätter sind entweder ganzrandig oder unregelmäßig gekerbt. Die Oberseite erscheint runzelig und unbehaart, dunkelgrün, matt, die Unterseite ist bläulich, filzig. Die Blattnervenstruktur ist gut erkennbar. Blattstiel ist rund 2 Zentimeter lang, an der Blattspreite können sich Nebenblätter entwickeln. Junge Blätter sind behaart.

Standort: Frische, nährstoffreiche Böden. Pionierpflanze, wie die Birke – für die natürliche Waldentwicklung maßgebend. Von den Niederungen bis hinauf auf 1.800 Meter Seehöhe anzutreffen.

Alter: bis 60 Jahre

Stamm einer Sal-Weide.

Die Stammfärbung geht von Grün bis Grau und ist feinrissig.

Salweiden-Knospen.

Die Knospen sind oval, kahl, gelb bis rotbraun, enganliegend und spiralig angeordnet.

Weibliche Kätzchen.

Die Sal-Weide ist zweihäusig. Hier sieht man die grünlichen weiblichen Kätzchen.

Männliche Kätzchen.

Männliche Kätzchen sind eiförmig, gelblich, dicht pelzig – die bekannten „Palmkätzchen".

Früchte und Blätter.

Die Früchte sind graufilzig, die Samen klein. Blätter: verkehrt eiförmig.

Holz der Sal-Weide.

Das Holz der Sal-Weide hat einen rötlichen Kern.

Holzmuster

Ahorn
Apfel
Aspe
Birke
Birne
Edelkastanie
Eiche
Erle
Esche braun
Kirsche
Linde
Nuss
Rotbuche
Ulme
Weißbuche

FOTO-FIBEL

Nadelbäume

Fotofibel

Von Helmut Fladenhofer & Karlheinz Wirnsberger.
88 Seiten, rund 100 Farbfotos.

€ 23.-

In dieser Fotofibel werden alle heimischen Nadelbäume und -sträucher in Text und Bild vorgestellt – von der Eibe über die Fichte und die Lärche bis hin zur Latsche und zur Zirbe. Nicht nur die Bäume selbst werden gezeigt, sondern auch deren Nadeln, Blüten und Zapfen im Detail. Ein Streifzug durch die Verwendung der verschiedenen Hölzer und welche Teile der Bäume dem Menschen als Heilmittel dienten rundet das Buch ab. Steckbriefe fassen Grundwissen und Kenndaten zu den einzelnen Bäumen übersichtlich zusammen und machen das Vergleichen leicht.

Verfasst wurde die Fibel „Nadelbäume“ von den beiden Autoren der „Laubbaum-Fibel“: dem steirischen „Hahnenförster“ Helmut Fladenhofer – seine Verdienste rund um die Erhaltung des Auerwildes sind Legende – und vom Leiter des Jagdmuseums in Stainz, Karlheinz Wirnsberger. Es könnte nicht stimmiger sein: Waldbücher, die aus der Steiermark kommen, dem „Grünen Herzen Österreichs“ …

In Vorbereitung: Foto-Fibel „Laubsträucher“

Österreichischer Jagd- und Fibelei-Verlag
1080 Wien, Wickenburggasse 3
Tel. +43/1/405 16 36 Fax +43/1/405 16 36/59
E-mail: verlag@jagd.at Internet: www.jagd.at